U0006093

一 次 到 位

跟著日本建築師
蓋木造住宅

RIOTA DESIGN

著——關本龍太

譯——陳令嫻

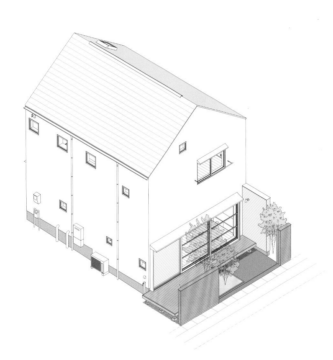

原點

設計木造房屋時，有時不免惦記著：「這裡到底是怎麼蓋的呢？」

有時候疑問還會擴大到：「這個木框該怎麼固定才好？」「這個樓梯該怎麼搭才好？」等跟設計沒有直接關係的範圍。

但這些問題只要走進工地就迎刃而解了。例如：親眼目睹師傅輕快施作組裝的情況，原本絞盡腦汁思考的介面整合便豁然開朗。

關於施工的煩惱，其實「百聞不如一見」。只要看過一次，就能化為自己的常識。

然而要是在缺乏這些知識（或是無心了解）的情況下描繪施工圖，會造成什麼樣的下場呢？

首先是現場施作的師傅很可憐。明明是熟悉的工作，卻得花上一倍以上的時間處理。

建築師的工作是以合理恰當的方式規劃外觀與功能兼具的住宅，而不是強迫現場人員從事沒有意義，或是日後可能造成麻煩的施作方式。

本書是以筆者設計「小巷子裡的家」的工地為例，搭配插圖，依照施工順序向大家解說木造住宅的施工步驟。

內容不僅是建築師在監造工地時所需的資訊，還可能包括只有現場施工人員才需要了解的知識。

然而為什麼筆者要補充這些建築師不見得需要了解的資訊呢？這是因為建築師有時必須站在施工人員的角度，用鉛筆（或是滑鼠？）取代鑿子和刨刀來設想施作情況，也是設計木造住宅時特別需要留意的地方。

建築師不僅是監造，也是規劃現場眾人如何行動的編劇。

完美到令人讚嘆的空間是因為隱含了規劃適當的施工計畫。

該如何施作才能打造兼具美觀、施工方便與高性能的木造住宅呢？

筆者希望透過本書和大家一起體驗施作的過程，藉此提供讀者一臂之力，讓大家打造出運用設計造福住戶的住宅，而非單憑設計譁眾取寵的作品。

關本龍太

聲明：

＊本特集由 RIOTA DESIGN 的關本龍太執筆與審定，部分標示作者的內容由山田憲明結構設計事務所的山田憲明執筆與審定（但是他並未參與本書案例「小巷子裡的家」的結構設計）。施工步驟為建築知識編輯部在山崎工務店與河合建築的協助之下所書寫編纂。

＊本特輯介紹的案例與圖面可能受施工狀況影響，導致與實際完成的建築物有所出入，懇請見諒。

＊工程步驟與內容可能因工法與設計而有所變動。

＊工期與工時皆為概估，可能因工法與設計而有所變動。

＊沒有標示出處的照片皆為 RIOTA DESIGN 或山崎工務店所拍攝。

RIOTA DESIGN關本龍太

周次	第1個月				第2個月				第3個月			
	1	2	3	4	5	6	7	8	9	10	11	12
各類儀式	動土典禮						上樑儀式					
各類檢查				P.023 房屋缺陷責任保險（※1）/由特定行政機構做鋼筋配置檢查					P.051 房屋缺陷責任保險/特定行政機構做結構檢查			
臨時工程	臨時建築/臨時圍欄					組裝室外施工架	組裝屋頂用施工架					
地基工程		P.015 放樣、定位、開挖	P.019 鋪設級配砂石、PC層灌漿	P.023 鋼筋綁紮、基礎灌漿→養護、拆模、防水處理	回填、玄關灌漿							
木作工程					P.027-046 架設木地檻地基～上樑	P.047-054 填充屋頂的隔熱材、施作屋頂通氣層板及防水板通風橫梁	P.055 牆間柱、窗台、窗樑楣	P.059 設置剪力牆			P.067 外牆通氣工程與內部基材	P.087-094 牆壁填充隔熱材、拼裝地板與安裝樓梯
屋頂板金工程								P.051 屋頂完成				
金屬工程								取得各零件加工許可			P.091 樓梯鋼骨進場、安裝	
防水工程												
金屬門窗工程								鋁窗進場 取得加工許可	P.053·063 安裝鋁窗與天窗			
木門窗與家具工程								丈量（僅外部）	P.063 安裝外部門窗框			
玻璃工程												
泥作工程												
塗裝工程												
室內裝潢與磁磚工程												
其他工程	P.011 瑞式重量探測試驗（※2）					塗布防腐防蟻劑				塗布防腐防蟻劑		
住宅設備工程												
給排水衛生設備工程	臨時用水			P.023·075 外部配管與內部先行配管				P.075 內部配管				P.075 內部配管
電力設備工程	臨時用電								P.075 內部配管			P.075 內部配管
空調設備工程												
天然氣工程												
景觀工程												

※1：根據日本建築法規規定在房屋建造期間，為防範隱患必須投保「房屋缺陷責任險」，並在施工期間由特定行政廳指派專業檢查人員至現場確認房屋施工狀況。

※2：瑞式重量探測試驗（Swedish Weight Sounding Test，簡稱「SWS試驗」）是併用載重貫穿和旋轉貫穿的現地試驗，以判斷土壤的軟硬、夯實程度，目的是要確認軟弱地盤厚度等，多用於深度小於10m左右的初步調查。（詳見14頁）。

規劃的木造住宅工程進度表

第4個月				第5個月				第6個月				第7個月	
13	14	15	16	17	18	19	20	21	22	23	24	25	26

屋主竣工驗收　　　　　　　　交屋

P.131

定期檢查　定期檢查　定期檢查　定期檢查　定期檢查　定期檢查　定期檢查　定期檢查　定期檢查　定期檢查　定期檢查　竣工勘驗　竣工、建築師事務所進行竣工檢查

由特定行政機關指定確認第三方檢查機關檢查

P.083
遷移移動廁所、拆除圍籬　　　　　　　拆除施工架　拆除室內保護工程

竣工前1個月

P.095　P.099　　　　　P.095　　　　P.103　　　　P.131　P.131
木框材料加工與安裝　安裝天花板腳架及骨料　木作隔間牆與踢腳板　安裝石膏板　施作木地板露台　施作木圍牆

P.078
木工師傅木作

P.067
安裝雨遮

五金、木圍牆與門片進場

室內五金

P.083
雨水槽

外部填縫

安裝紗窗（含玄關）

P.123　P.123　　　　　P.140　　　　　　　　P.123　P.131
門窗丈量　室內五金進場　木造家具　內部門窗進場、內部門窗完工、家具調整　安裝門與拉門

丈量鏡子與安裝

P.079　　　　　P.079
貼金屬網、塗底漆與養護　塗面漆與養護　完成室內土間

P.083
室外塗裝　室內塗裝與家具塗裝　景觀塗裝　地板、木圍牆與門片塗裝

P.111-118　P.119
批土→塗裝、貼磁磚與壁紙　鋪設浴室企口板，企口板尾端黏貼磁磚

調整基材

P.131
室外清潔　填縫與室內清潔　修繕工程

P.119　P.127
安裝半套衛浴設備　IH電子爐與洗碗機進場　住宅設備進場

P.075　P.127
內部配管　內部配管　外部配管　機器設備安裝、試用、拆除臨時柱子

P.075　P.127　P.127
內部配管　內部配管　安裝外部機器設備　安裝配電箱　安裝內部與外部機器設備

P.127　P.127
內部配管、配線（包括抽風機）　安裝外部機器設備　試用

P.127
挖掘道路　外部配管　試用、接管

P.131
玄關、地界退縮工程　外部景觀工程

基本圖面 1

進入具體工程之前，先說明基本圖面。本案例位於日本政府所規範的節能區域劃分※1的第6區，外殼熱傳透率UA值是0.57W／㎡k ※2。首先透過圖面確認整體標準。

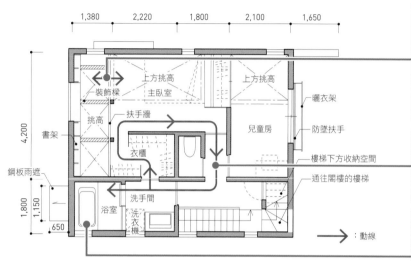

1,380　2,220　1,800　2,100　1,650

上方挑高　　　　　上方挑高
裝飾樑
　　　主臥室
挑高　扶手牆　　　兒童房　　　曬衣架
書架　　　　　　　　　　　防墜扶手
　　　　衣櫃
鋼板雨遮　　　　　　　　　　樓梯下方收納空間
　　　　　　　　　　　　　通往閣樓的樓梯
洗手間
　　　　　　　　　　→：動線
浴室　洗衣機

4,200
1,800
1,150
650

2樓平面圖[S=1:120]

1樓是開放式的客廳與餐廳，2樓則是稍微封閉的私密房間。但是主臥室藉由3層樓挑高空間，間接串連1樓和閣樓，以便感覺家人活動的聲音與氣息。面對挑高處的扶手牆旋轉90度放到地上，就可以從主臥室直接通往設置在牆上的書櫃。[內部木框與踢腳板95頁、訂製家具107頁]

浴室和洗手間隔壁是衣櫃。洗手間與衣櫃之間安裝拉門，打造主臥室、走廊與洗手間的洄遊動線。衣服脫下來放入籃子裡→洗衣服→晾衣服（浴室）→收納（隔壁衣櫃），一氣呵成。

浴室採用半套的整體衛浴，不僅確保浴室不漏水，上半方的牆面飾材與門窗等裝潢都能自由設計。[設備75頁、浴室飾面119頁]

從玄關進入室內有2條動線，一是宅配人員等外人從相當於玄關延伸的空間「土間」走向廚房。飲料等沉重的貨物可以請宅配人員直接搬進廚房，不用脫鞋，十分方便。業主本身購物回家時，也能從玄關直通儲藏室。平常則是從玄關走進客廳。

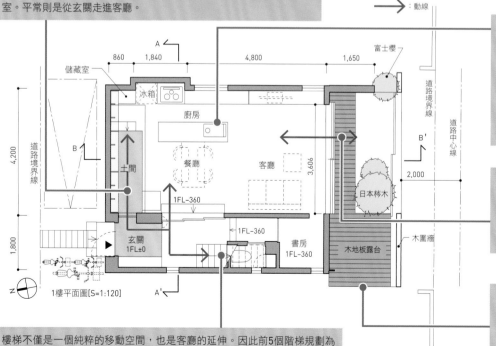

→：動線

A
860　1,840　　　4,800　　　1,650
儲藏室
冰箱
　　　廚房
B
道路境界線
4,200
土間
餐廳　　客廳
3,606
1FL-360
1,800
玄關
1FL±0　　1FL-360
　　　　　書房
　　　　　1FL-360
富士櫻
道路境界線
道路中心線
日本枹木
2,000
木地板露台
木圍牆
N
1樓平面圖[S=1:120]
A'

位於餐廳隔壁的廚房家具都是由家具師傅打造。講究細節，徹底融入空間。既然是家中顯眼的位置，就算成本會多少增加也要重視風格。[訂製家具107頁、內部門窗與家具123頁]

南側規劃木地板露台，透過落地窗連結客廳與室外。木地板露台可以當作緣廊，成為客廳的延伸。[景觀工程131頁]

該建築物與南北兩條道路相接。南側需要退縮2m拉開與道路的距離，使得這裡設計為開放式空間時會顯得寬敞。[現場基地調查11頁]

樓梯不僅是一個純粹的移動空間，也是客廳的延伸。因此前5個階梯規劃為透空的鋼骨樓梯，可以坐在這裡看書。踏板使用橡木合板，與白橡木的木地板色調相協調。[地板底板87頁、樓梯91頁]

※1：節能基準依所在地區的季候不同而異，一共分為8個階段
※2：指屋頂與外牆等建築物外殼的隔熱性能。UA值越小，隔熱效果越佳

物件基本資料

■家庭成員	夫妻＋1名孩童	節能性能	
■基地面積	90.93 ㎡	■節能區劃	6 區
■建築面積	45.46 ㎡	外殼熱傳透率 UA 值是 0.57W／㎡ k	
■總樓地板面積	84.78 ㎡		
■結構	木結構（傳統軸組工法）		
■樓層數	地上 2 層樓＋閣樓		

外牆考量成本與耐久性，飾面使用噴漆。[外牆打底工程79頁、外牆飾面83頁]

為了實現裸露的天花板效果，採用屋頂隔熱的設計。透過使用雙層垂木的方式，既確保屋頂的隔熱和通風功能，同時在室內展示出美麗的垂木結構。[建築工程（屋架）～屋頂隔熱43～50頁]

從閣樓的內窗可以看到臥室。[建築工程（閣樓）39頁、內部門窗與家具123頁]

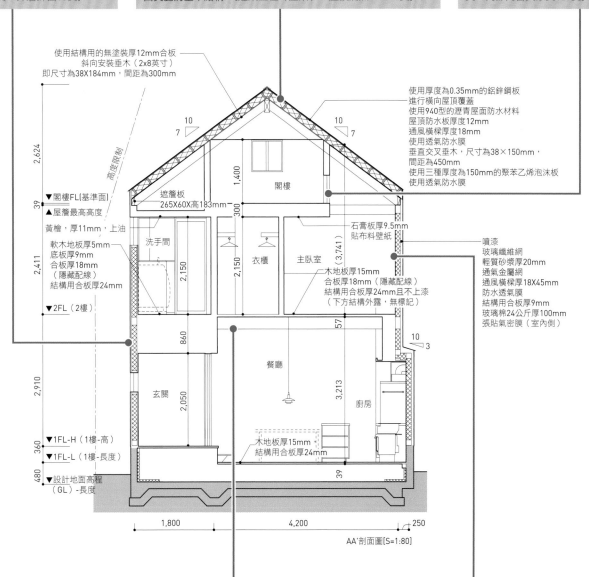

使用結構用的無塗裝厚12mm合板
斜向安裝垂木（2x8英寸）
即尺寸為38X184mm，間距為300mm

使用厚度為0.35mm的鋁鋅鋼板
進行橫向屋頂覆蓋
使用940型的瀝青屋面防水材料
屋頂防水板厚度12mm
通風橫樑厚度18mm
使用透氣防水膜
垂直交叉垂木，尺寸為38×150mm，
間距為450mm
使用三種厚度為150mm的聚苯乙烯泡沫板
使用透氣防水膜

2,624
▼閣樓FL[基準面]
39
▲屋簷最高度
高度限制

閣樓
1,400
300

遮簷板
265X60X高183mm

石膏板厚9.5mm
貼布料壁紙

噴漆
玻璃纖維網
輕質砂漿厚20mm
通氣金屬網
通風橫樑厚18X45mm
防水透氣膜
結構用合板厚9mm
玻璃棉24公斤厚100mm
張貼氣密膜（室內側）

黃檜，厚11mm，上油
軟木地板厚5mm
底板厚9mm
合板厚18mm
（隱藏配線）
結構用合板厚24mm

洗手間
2,150

衣櫃
2,150

主臥室
(3,741)

木地板厚15mm
合板厚18mm（隱藏配線）
結構用合板厚24mm且不上漆
（下方結構外露，無標記）

2,411
▼2FL（2樓）

860

57

10
3

餐廳
3,213

玄關
2,050

廚房

2,910

木地板厚15mm
結構用合板厚24mm

▼1FL-H（1樓-高）
360
▼1FL-L（1樓-長度）
480
▼設計地面高程
（GL）-長度

39

1,800　4,200　250

AA'剖面圖[S=1:80]

基地的南側比北側高400mm，利用高低差打造從玄關降1階走進客廳，並將玄關與客廳稍微分隔開來。相對於玄關的天花高度為2,050mm，客廳採用天花結構外露的設計，天花高達3,213mm，營造寬敞的視覺效果。玄關天花板內側安裝了2樓用水區的配管。[基礎工程（拉線放樣～開挖）15頁、天花板骨架99頁、設備75頁]

主臥室牆壁與天花選擇白色壁紙。倘若預算足夠，本來想選擇油漆塗裝。但是本案例的預算都分配給書櫃了。使用類似薄塗裝的壁紙也能顯得美觀。[天花板飾面111頁、室內牆飾面115頁]

基本圖面
2

一般屋頂的隔熱材多半選用玻璃棉，本案例因為高度限制，屋頂必須規劃得更薄。替代方案是價格較高但性能高、厚度薄的聚苯乙烯發泡體。另一方面，由於牆壁厚度不受限制，所以採用較為便宜的玻璃棉。[屋頂隔熱47頁、剪力牆59頁、牆壁隔熱71頁]

為了縮小鋁窗正面寬度與確保性能，採用鋁塑複合材料窗框，型號為Thermos L (驪住LIXIL)。[安裝窗戶63頁]

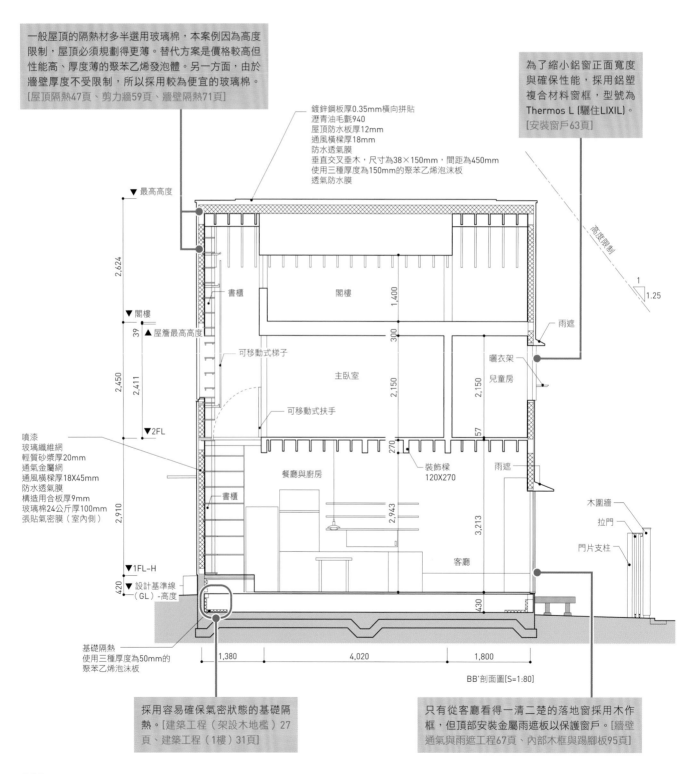

鍍鋅鋼板厚0.35mm橫向拼貼
瀝青油毛氈940
屋頂防水板厚12mm
通風橫樑厚18mm
防水透氣膜
垂直交叉垂木，尺寸為38×150mm，間距為450mm
使用三種厚度為150mm的聚苯乙烯泡沫板
透氣防水膜

▼ 最高高度

2,624

▼ 閣樓

39
▲ 屋簷最高高度

2,450
2,411

▼ 2FL

噴漆
玻璃纖維網
輕質砂漿厚20mm
通氣金屬網
通風橫樑厚18X45mm
防水透氣膜
構造用合板厚9mm
玻璃棉24公斤厚100mm
張貼氣密膜（室內側）

2,910

▼ 1FL-H

420
▼ 設計基準線（GL）-高度

書櫃

閣樓

1,400

300

可移動式梯子

主臥室

2,150

可移動式扶手

書櫃

餐廳與廚房

2,943

270

裝飾樑
120X270

2,150

兒童房

57

曬衣架

雨遮

高度限制

1
1.25

雨遮

客廳

3,213

430

木圍牆

拉門

門片支柱

基礎隔熱
使用三種厚度為50mm的聚苯乙烯泡沫板

1,380   4,020   1,800

BB'剖面圖[S=1:80]

採用容易確保氣密狀態的基礎隔熱。[建築工程（架設木地檻）27頁、建築工程（1樓）31頁]

只有從客廳看得一清二楚的落地窗採用木作框，但頂部安裝金屬雨遮板以保護窗戶。[牆壁通氣與雨遮工程67頁、內部木框與踢腳板95頁]

現場基地調查

基地調查的目的在於掌握基地形狀、鄰地界址、周遭建築情況等等，並且進一步確認進場路徑與地質，提升施工效率與安全。

房子南北兩側情況各異

本案例的基地南北兩側面對私人道路，條件有些特殊。住宅南側面對私人道路（寬度不滿4m）因此必須從道路中心線退縮2m[第14頁A]。在產生的空地部分設置了大開口，透過視覺連結室內與室外，營造寬敞的氣氛。另一方面，北側私人道路（寬度不滿4m）人來人往，因此開口部分則被極度簡化，並且設置停車位，打造封閉的立面。活用南北兩側的臨路情況，打造不同的建築風情。

幸運的是大型機具都能從北側私人道路進入，南側也能搬運門窗與景觀工程所需的建材。在土地調查中了解周圍環境情況，包括進場路線等，將有助於順利進行施工[第14頁D]。 　　　　　[關本]

現場
相關人員

現場監工人員

地質調查公司

周次	1	2	3	4	5	6	7	8	9	10	11	12	13

第1個月　第2個月　第3個月　第4個月

瑞式重量探測試驗(SWS試驗)

第1個月

基地調查

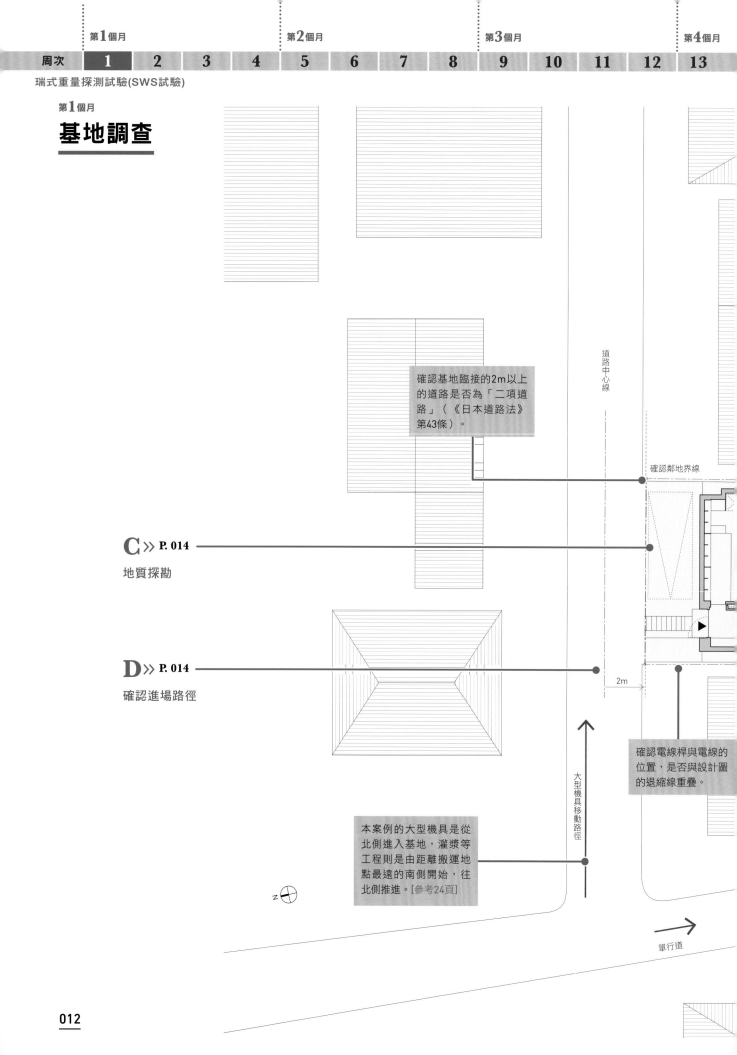

確認基地臨接的2m以上的道路是否為「二項道路」（《日本道路法》第43條）。

道路中心線

確認鄰地界線

C ≫ P. 014

地質探勘

D ≫ P. 014

確認進場路徑

2m

確認電線桿與電線的位置，是否與設計圖的退縮線重疊。

大型機具移動路徑

本案例的大型機具是從北側進入基地，灌漿等工程則是由距離搬運地點最遠的南側開始，往北側推進。[參考24頁]

z

單行道

第5個月 第6個月 第7個月

14 15 16 17 18 19 20 21 22 23 24 25 26

道路中心線
2m
設計之前進行地質探勘，確認是否需要施作地質改良工程。如果需要地基改良，則需要了解相關費用的範圍。[C]
確認鄰地界線
單行道
事前告知施工廠商道路寬度與是否為單行道等道路相關資訊。

A» P. 014

二項道路與退縮

B» P. 014

確認與鄰地的距離

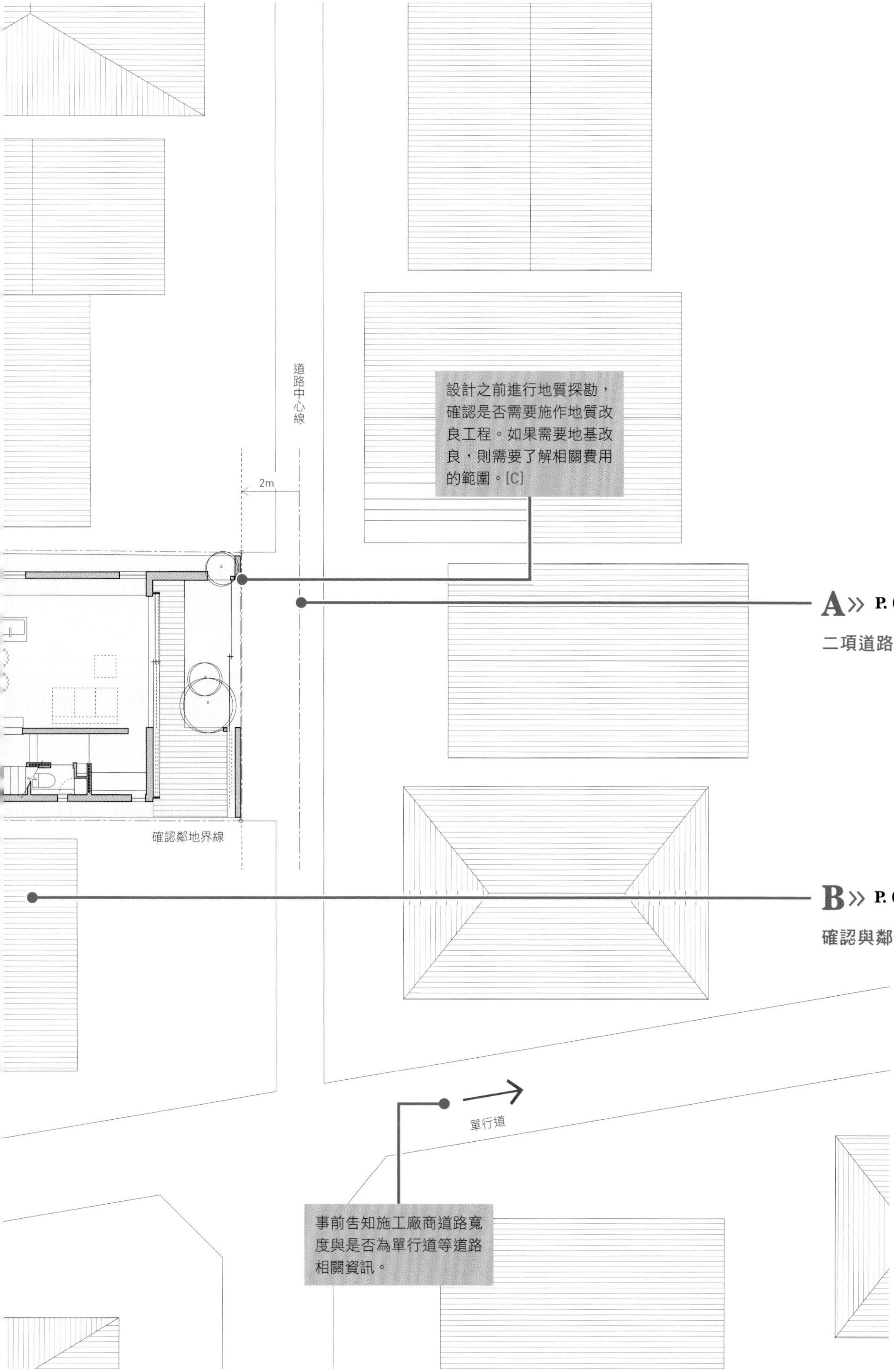

基地調查工程檢核表

A 二項道路與退縮

根據日本的《建築基準法》規定,寬度4m以上者為「道路」,但是部份不足4m者也視為道路。這種情況稱為「二項道路」。二項道路的兩側興建建築物時,必須從道路中心線退縮2m,以便日後拓寬道路為4m。倘若道路另一側是懸崖或是鐵路,無法兩側一同拓寬,基地必須退縮4m。

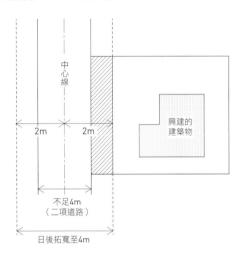

中心線

2m　2m

興建的
建築物

不足4m
(二項道路)

日後拓寬至4m

C 地質探勘

地質探勘的第一步是「調閱資料」。首先調閱該地的地質圖、柱狀圖與瑞式重量探測試驗結果、土壤液化潛勢圖等等既有的資訊。這些資料可以上網查詢,或是透過地質探勘公司、相關主管機關取得。根據這些資料決定所需的「探勘項目」。倘若預測承載的地層距離地面僅1~2m,則可使用手鑽螺旋鑽調查深度,搭配瑞式重量探測試驗即可。倘若承載地層所在位置距離地面超過2m或是土壤可能液化,必須改為機械鑽探與土壤試驗。　　　　[山田]

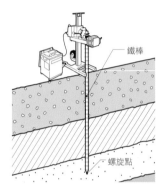

鐵棒

螺旋點

瑞式重量探測試驗 (SWS試驗)

調查基地多處的地盤,確認基地整體地層的地質。使用鐵棒垂直貫穿土壤,根據鐵棒貫穿難易度與旋轉時的阻力推測地質強度。

B 確認與鄰地的距離

動工前必須仔細確認與鄰地的距離,以免日後施工時或竣工後與鄰居發生衝突。確認的重點包括:外牆到鄰地界線之間是否保持充分距離(日本《民法》234條)[※],鄰居房子的開口位置,以及其管線與圍牆是否穿過基地。倘若出現此類情況,必須事前與所有權人協商討論因為施工造成破損時應如何解決。

D 確認進場路徑

有時現場會同時出現2台混凝土預拌車等大型機具。因此施工前必須調查基地是否有足夠空間停靠大型機具,以免增加不必要的施工費用,拖延施工進度。此外也必須留意周遭道路的情況,例如是否容易塞車或是上下學必經之路,以免日後施工時與周遭居民發生衝突。

※ 日本《民法》235 條規定在距離土地界線不足 1m 處設置的開口,倘若該開口可對鄰地一覽無遺,則必須設置遮蔽物。

2

第1個月

基礎工程
（拉線放樣～開挖）

用放樣打點標示出建築物的位置之後，再標示水平方向的位置與基礎高度等等。這些步驟將成為基地工程和土方工程的基準。

設定合適的地面高程(GL)

設計時必須設定設計的標準——基地地面高程（Ground Level，GL）。這世上沒有完全平坦的基地，所以設定基地的地面高程時，假設這建築物有一半以上直接跟地盤接觸。通常筆者會在地質探勘時，請對方測量地面高程，藉由接觸建築物的地面高度來設定基地地盤的基準線。以木造住宅為例，工程公司不見得會配合四周的地形進行精密的調整[※]，所以建築師最好設定多個基地地面高程位置，促使現場施工人員能配合自然地形施作。本案例南北高低落差約400cm，因此南北兩側各自設定不同的基地地面高程，以便調整落差[18頁A]。

[關本]

現場相關人員

現場監工人員

基礎工程人員

※ 調整地面基準線形成和緩的坡度，可消弭基地的高低差。

周次		第1個月				第2個月				第3個月				第4個月
		1	2	3	4	5	6	7	8	9	10	11	12	13

拉線放樣、定位與開挖

第2個月

基礎工程（拉線放樣～開挖）

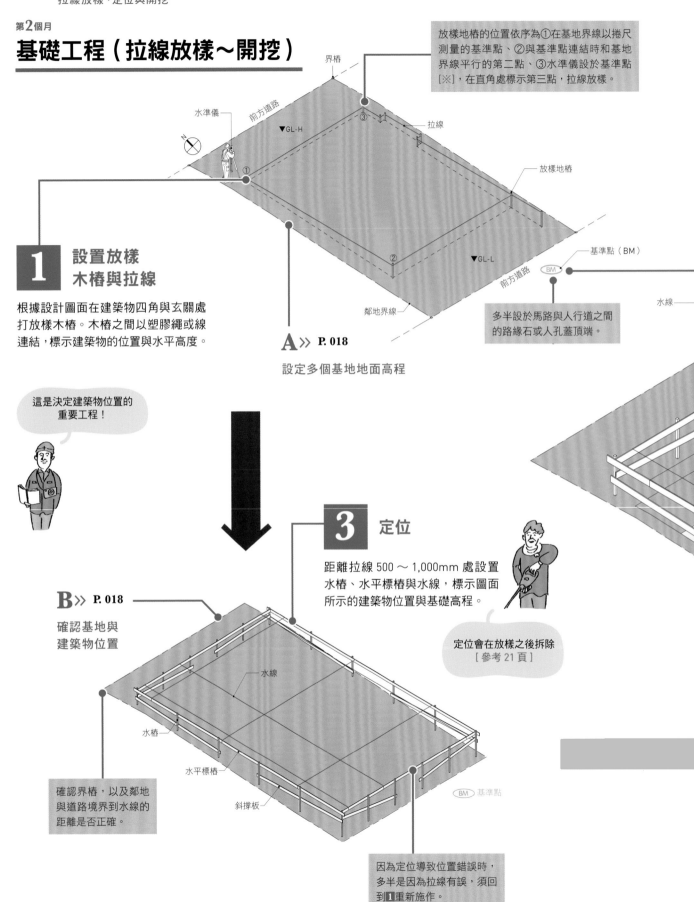

放樣地樁的位置依序為①在基地界線以捲尺測量的基準點、②與基準點連結時和基地界線平行的第二點、③水準儀設於基準點[※]，在直角處標示第三點，拉線放樣。

界樁

水準儀

前方道路

▼GL-H

拉線

放樣地樁

▼GL-L

前方道路

基準點（BM）

BM

水線

鄰地界線

多半設於馬路與人行道之間的路緣石或人孔蓋頂端。

1 設置放樣木樁與拉線

根據設計圖面在建築物四角與玄關處打放樣木樁。木樁之間以塑膠繩或線連結，標示建築物的位置與水平高度。

A ≫ P. 018

設定多個基地地面高程

這是決定建築物位置的重要工程！

3 定位

距離拉線 500 ～ 1,000mm 處設置水樁、水平標樁與水線，標示圖面所示的建築物位置與基礎高程。

定位會在放樣之後拆除
[參考 21 頁]

B ≫ P. 018

確認基地與建築物位置

水線

水樁

水平標樁

斜撐板

BM 基準點

確認界樁，以及鄰地與道路境界到水線的距離是否正確。

因為定位導致位置錯誤時，多半是因為拉線有誤，須回到 **1** 重新施作。

2 標示基準點（BM）

這是基地內
高度的標準

基地地面高程是為方便設計所制定的
高度。為了妥善施作基礎工程，須任
選不會移動的一處設定為基準點，以
此處為標準，確認正確高度。

4 開挖

施作基礎前必須開挖地面到規
定的深度。開挖底部的深度以
水線為標準來確認。

別弄錯深度
與寬度！

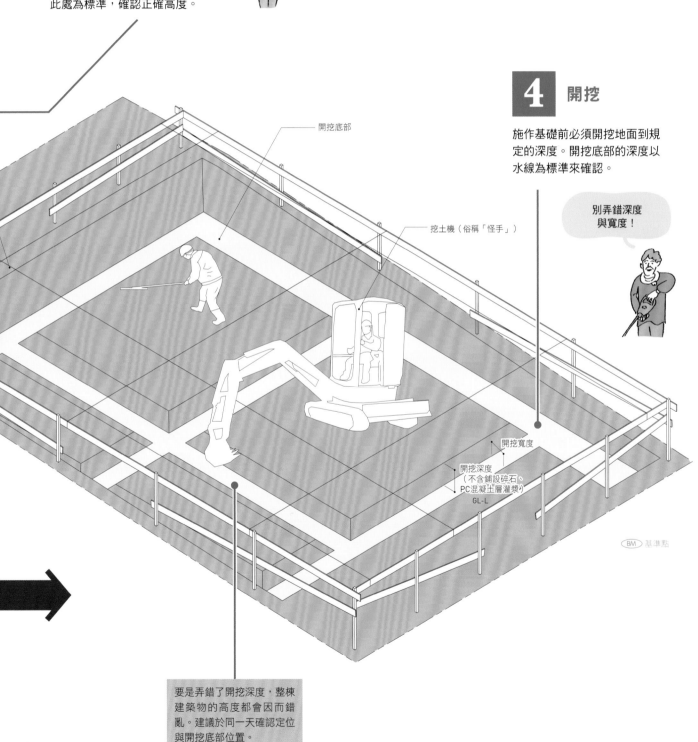

開挖底部

挖土機（俗稱「怪手」）

開挖寬度

開挖深度
（不含鋪設碎石、
PC混凝土層灌漿）
GL-L

BM 基準點

要是弄錯了開挖深度，整棟
建築物的高度都會因而錯
亂。建議於同一天確認定位
與開挖底部位置。

基礎工程（拉線放樣～開挖）檢核表

A 設定多個地面高程(GL)

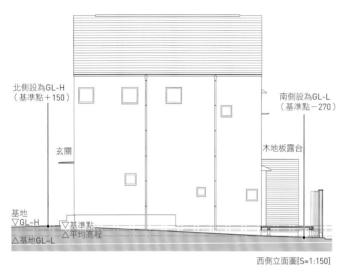

北側設為GL-H
（基準點＋150）

南側設為GL-L
（基準點－270）

玄關

木地板露台

基地
▽GL-H
△基地GL-L

▽基準點
▽平均高程

西側立面圖[S=1:150]

本案例設計為可由北側玄關與南側木地板露台進出，所以必須消弭兩側的高低落差，設定南北兩種基地的地面高程。 ［攝影：新澤一平］

B 確認基地與
建築物位置

建築師必須確認界樁的位置，以水線為基準，用捲尺測量從道路界線、基地界線到建築物四個角落中心線的水平距離，以確認建築物的位置。

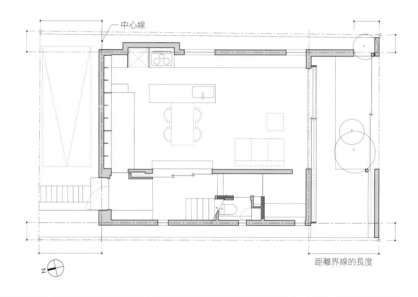

中心線

距離界線的長度

 記錄從地面高程
算起的尺寸

記錄水平標樁距離地面高程或是基準點多少。去現場時不僅要眼見為憑，最好還要拍照記錄。

3

第1個月

基礎工程
（土方工程～澆置PC混凝土層）

開挖後在地面鋪上級配砂石，澆置 PC 混凝土層 [※1]。土方工程的目的在於將建築物的載重均勻傳遞至地盤，以免發生地層下陷 [※2] 等問題。

級配砂石的厚度與PC層的範圍

相信許多建築師都很煩惱圖面上的級配砂石厚度究竟該設定為幾mm。筆者認為適當的厚度是50～150mm。首先回填級配砂石的目的有3：①填平因為開挖而凹凸不平的地面；②當支撐建築的地盤層比地基表面[※3]更深時，必須將建築的負載重量傳遞到支撐的地盤層；③若採用連續基礎施工時，則可分散基地的載重量。

以①為例，考量級配砂石的粒徑與滾壓次數，一般厚度多為50～150mm[※4]。②的基腳的基礎板下方到地盤只有數十公分的話，則無需改良土壤，只需增加級配砂石厚度即可。關於③，如果地基下方的地盤承載力不足，則增加級配砂石厚度來應對。如果②與③的級配砂石厚度太厚者，則可以每100～150mm碾壓一次，使其充分壓實。級配砂石的厚度請根據以上①～③的目的調整，②的話可在圖面上標示「地盤深度比開挖底部深的話，請向監造人確認後增加級配砂石厚度」。　　　　[山田]

在這個例子裡，我們將PC混凝土澆置在整個基腳基礎板上，這樣做可以保護防水膜，也方便進行鋼筋工作。但其實澆灌PC混凝土的主要目的是為了進行放樣，所以只在打樣處澆灌PC混凝土也沒問題。這樣的話，澆灌PC混凝土的範圍會比較小，可以省一些成本，但要小心防水膜是否完好。　　　　[關本]

現場相關人員

基礎工程人員

灌漿工班

現場監工人員

※1：如果地質狀態不佳，施作基礎工程前必須進行地質改良與打樁等工程。
※2：指地層朝一方傾斜或部分下沉。
※3：根據開挖後正確整平的地面高度。
※4：級配砂石厚度超過 150mm 時，則必須增加滾壓次數，以免滾壓不確實。

回填級配砂石與澆置PC混凝土層

第1個月

基礎工程（土方工程～澆置 PC 混凝土層）

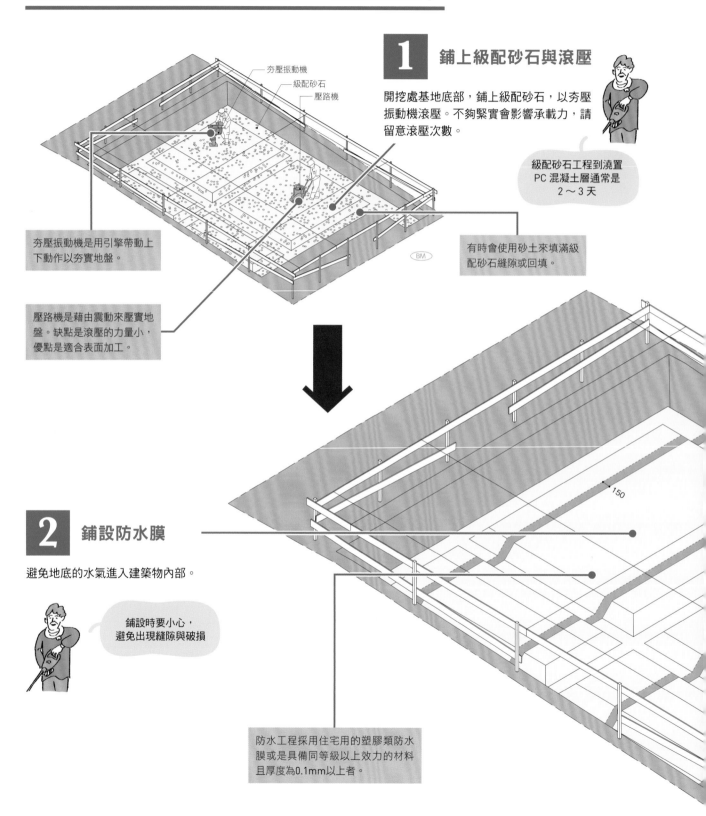

1 鋪上級配砂石與滾壓

開挖處基地底部，鋪上級配砂石，以夯壓振動機滾壓。不夠緊實會影響承載力，請留意滾壓次數。

級配砂石工程到澆置 PC 混凝土層通常是 2～3 天

夯壓振動機

級配砂石

壓路機

夯壓振動機是用引擎帶動上下動作以夯實地盤。

壓路機是藉由震動來壓實地盤。缺點是滾壓的力量小，優點是適合表面加工。

有時會使用砂土來填滿級配砂石縫隙或回填。

2 鋪設防水膜

避免地底的水氣進入建築物內部。

鋪設時要小心，避免出現縫隙與破損

150

防水工程採用住宅用的塑膠類防水膜或是具備同等級以上效力的材料且厚度為0.1mm以上者。

3 澆置PC混凝土層

使用坍度 15 ～ 18 的混凝土澆置，厚度約 30 ～ 50mm。澆置 PC 混凝土層的目的在於放樣，以及製造平整的地面以便於綁紮鋼筋工程。

> PC 層太厚會影響地基表面高度，必須多加留意！

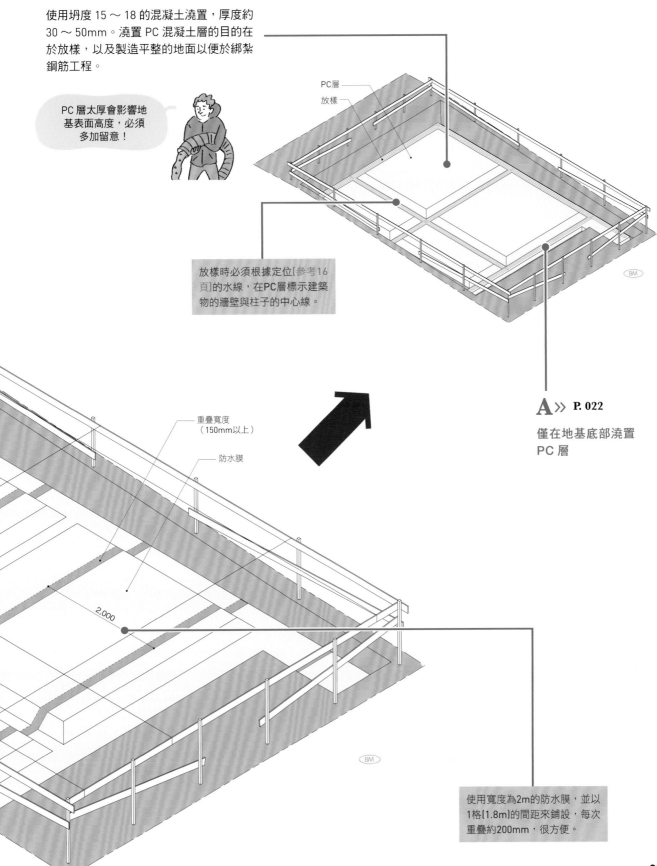

PC層
放樣

放樣時必須根據定位[參考16頁]的水線，在PC層標示建築物的牆壁與柱子的中心線。

A ≫ P. 022

僅在地基底部澆置 PC 層

重疊寬度
（150mm以上）

防水膜

2.000

使用寬度為2m的防水膜，並以1格[1.8m]的間距來鋪設，每次重疊約200mm，很方便。

基礎工程（土方工程～澆置PC層）檢核表

A 只在需要放樣處澆置 PC混凝土層

PC混凝土層多半只澆置於需要放樣處。此種情況的設計圖面會如右圖所示。優點是節省成本，缺點是在防潮膜上綁紮鋼筋，容易造成防潮膜破損。破損時以專供防潮膜使用的壓克力膠帶等材料修補。

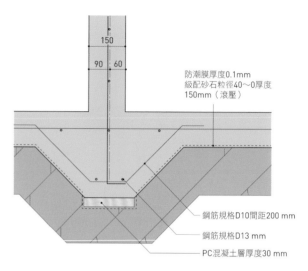

防潮膜厚度0.1mm
級配砂石粒徑40～0厚度150mm（滾壓）

鋼筋規格D10間距200 mm
鋼筋規格D13 mm
PC混凝土層厚度30 mm

地基剖面圖[S=1:15]

PC混凝土層澆置完成後，也是建築基線的高度標準，因此必須整平。綁紮鋼筋後，將在這裡架設模板。

拍照看防水膜有沒有重疊

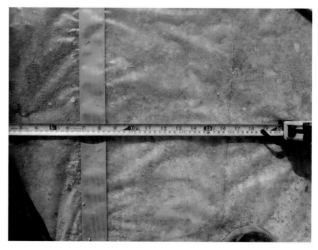

施作時注意防水膜必須平整，而且重疊寬度為150mm或以上。如果發現破洞，使用防水膜專用的壓克力膠帶等材料修補。

4

第1～2個月

基礎工程
（鋼筋綁紮～灌漿）

綁紮好防止混凝土龜裂的鋼筋後灌漿，基礎的地基工程便大功告成。這是左右建築物整體強度的重要工程，需要多加用心。工期約 2 週。

關鍵在於混凝土與
現場施作的品質

　灌漿前必須先行委託第三人檢查預拌混凝土的品質[26頁A]。控制灌漿後的混凝土品質不僅需要掌控預拌混凝土的品質，灌漿後還必須以混凝土震搗器搗實，促使內部的水分與空氣浮出，再利用夯壓振動機敲擊表面，除去水分與空氣，同時整平。另外，混凝土固化後除非做結構體的鑽芯測驗，否則無法確認品質。因此現場的灌漿與養護工程格外重要。　　　　[山田]

現場相關人員

現場監工人員

基礎工程人員

品管人員

灌漿工班

混凝土品管人員

鋼筋工班

鋼筋綁紮、基礎灌漿→養護、拆模、防水工程、外部配管、內部預埋管線、檢查鋼筋綁紮品質

第1～2個月

基礎工程（鋼筋綁紮～灌漿）

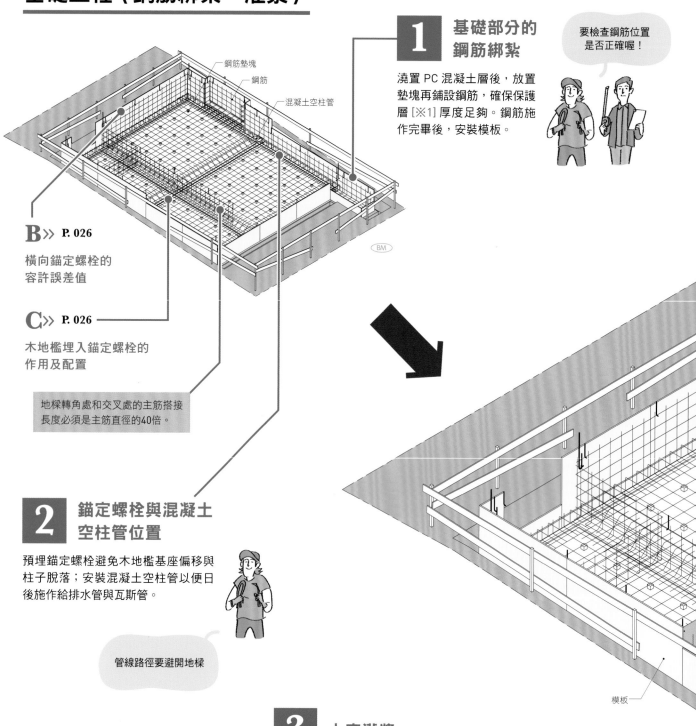

鋼筋墊塊
鋼筋
混凝土空柱管

B» P. 026

橫向錨定螺栓的
容許誤差值

C» P. 026

木地檻埋入錨定螺栓的
作用及配置

地樑轉角處和交叉處的主筋搭接
長度必須是主筋直徑的40倍。

模板

1 基礎部分的鋼筋綁紮

澆置 PC 混凝土層後，放置
墊塊再鋪設鋼筋，確保保護
層 [※1] 厚度足夠。鋼筋施
作完畢後，安裝模板。

要檢查鋼筋位置
是否正確喔！

2 錨定螺栓與混凝土空柱管位置

預埋錨定螺栓避免木地檻基座偏移與
柱子脫落；安裝混凝土空柱管以便日
後施作給排水管與瓦斯管。

管線路徑要避開地樑

3 大底灌漿

基礎外圍組立模板後灌漿。
利用混凝土震搗器搗實，以
去除製造與運送過程中混入
的氣泡。

從距離混凝土預拌車
最遠的地方開始灌漿

※1：混凝土表面到鋼筋的距離。

4 地樑灌漿

混凝土灌入組立好的模板內，同時注意先行安裝的錨定螺栓與混凝土空柱管必須固定在原本的位置。使用混凝土震搗器充分搗實。

灌漿要慎重！

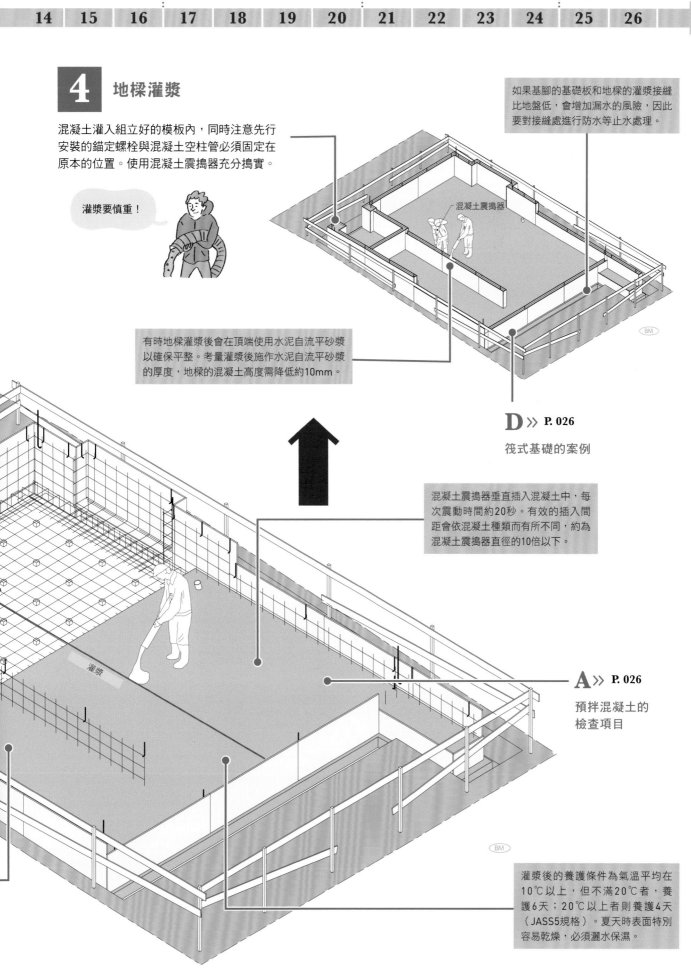

如果基腳的基礎板和地樑的灌漿接縫比地盤低，會增加漏水的風險，因此要對接縫處進行防水等止水處理。

混凝土震搗器

有時地樑灌漿後會在頂端使用水泥自流平砂漿以確保平整。考量灌漿後施作水泥自流平砂漿的厚度，地樑的混凝土高度需降低約10mm。

D ≫ P. 026

筏式基礎的案例

混凝土震搗器垂直插入混凝土中，每次震動時間約20秒。有效的插入間距會依混凝土種類而有所不同，約為混凝土震搗器直徑的10倍以下。

灌漿

A ≫ P. 026

預拌混凝土的檢查項目

灌漿後的養護條件為氣溫平均在10℃以上，但不滿20℃者，養護6天；20℃以上者則養護4天（JASS5規格）。夏天時表面特別容易乾燥，必須灑水保濕。

基礎工程（鋼筋綁紮～灌漿）檢核表

 A 預拌混凝土的
檢查項目

預拌混凝土到達現場時，首先確認送貨單與訂料時的配比設計是否一致。配比計畫書內容全是品質管控的重點，包括設計強度與混凝土坍度等資訊。確認配比計畫書的內容是否與設計圖面整合、灌漿日是否符合配比的適用期間等等。　　　[山田]

坍度檢查

測量預拌混凝土拆模後頂端下降多少cm，確認其流動性與柔軟度。一般坍度標準為15～18∨，容許範圍為指定數值的±2.5cm。

氯化物含量檢查

氯離子含量超過一定數值會導致鋼筋生鏽。鹼金屬離子含有的氯化物也是引發骨料鹼性反應的主因。容許值基本上是0.30kg/m3以下。

含氣量

含氣量越高，灌漿工程越輕鬆，卻會影響抗壓強度。含氣量容許範圍為4.5±1.5%。

抗壓強度檢驗

目的有二：一是早期判斷拆模、結束養護、拆除支撐與確認結構體強度，檢驗期限會依目的有所不同，一般會以28天為期限。另一是進行28天的檢驗以確認結構體強度。檢查方式都是交由第三方機關檢驗，各採3個試體。

 B 橫向錨定螺栓的
容許誤差值

錨定螺栓基本上施作於木地檻中心。日本建築學會規定[※2]距離木地檻側面至少要是錨定螺栓直徑的1.5倍以上，理想則是4倍以上。[※2]　　[山田]

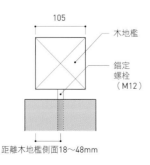

| 105 |
| 木地檻 |
| 錨定螺栓（M12） |

距離木地檻側面18～48mm

 C 木地檻安裝錨定螺栓
的作用與配置

錨定螺栓的目的是連結木地檻與基腳，把上方建築物的重量傳遞至下方基腳。由於灌漿後便無法移動，必須在灌漿之前確認是否位置正確。[※3]　　[山田]

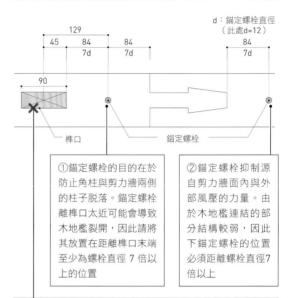

d：錨定螺栓直徑
（此處d=12）

①錨定螺栓的目的在於防止角柱與剪力牆兩側的柱子脫落。錨定螺栓離榫口太近可能會導致木地檻裂開，因此請將其放置在距離榫口末端至少為螺栓直徑 7 倍以上的位置

②錨定螺栓抑制源自剪力牆面內與外部風壓的力量。由於木地檻連結的部分結構較弱，因此下錨定螺栓的位置必須距離螺栓直徑7倍以上

③同樣在安裝在木地檻中間部分，安裝錨定螺栓是為了防止剪力牆面因地震或風壓導致橫向偏移。因此榫口和木地檻直角交接處不得安裝錨定螺栓

 D 筏式基礎的案例

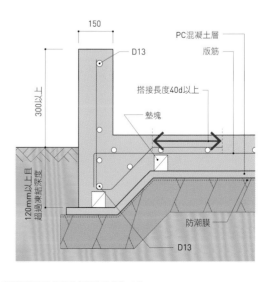

※2：國土交通省的規範《公共建築木造工程標準規格》規定沒有特別標註的情況下，基礎螺栓安裝位置的誤差容許值為 ±5mm。
※3：根據日本建築學會木結構設計規範與該解說之容許應力度與容許耐力設計法。

5

建築工程
（架設木地檻）

基礎地基工程拆模後進入木構造建築階段，第一步是架設木地檻。施工人員為木工師傅 2 名。地板隔熱工程也是同一天施作。架設木地檻與隔熱工程都需要半天，合併於 1 天之內完成。

施工第 1 天從架設木地檻開始

從架設木地檻到上樑的所有建築工程約需2天。第1天是架設木地檻的基礎建設與1樓地板的隔熱工程。

本案例採用基礎隔熱法（內側）來施作1樓地板的隔熱工程。除了基礎隔熱法，也可以選擇地板隔熱法。地板隔熱法是在地板下方鋪設隔熱材，把地板下方當作室外，在木地檻下方鋪設通氣墊，以確保地板下方的透氣性[30頁 A]。

另一方面，基礎隔熱法把地板下方視為室內，在地樑側面和基礎板鋪設隔熱材，在木地檻下方鋪設氣密墊[30頁B]。太陽熱能系統與地板送風空調[※]因為必須使用地板下方的空間，所以採用的隔熱工法是基礎隔熱法。本案例部分樓板高度比木地檻低，無法確保地板下方的透氣性[30頁 C]，因此採用基礎隔熱法。

架設木地檻與基礎隔熱施作完畢後，就可開始組裝室外施工架（即鷹架），隔天開始施作樑柱[參考32頁]。　　　　[關本]

相關人員　現場

現場監工人員

木工師傅

高處作業人員

※ 把壁掛式空調安裝於地板下方的暖氣系統。進氣口位於 1 樓地板，送風口在地板下方。機器本身四周密封，在地板下方的空間加壓，促使熱風傳送至設置於各處地板的送風口。

周次	第1個月			第2個月					第3個月			第4個月	
	1	2	3	4	5	6	7	8	9	10	11	12	13

架設木地檻、施作基礎隔熱、組裝施工架

第2個月

建築工程（架設木地檻）

1 木地檻下方鋪氣密墊

使用基礎隔熱法（內側）。木地檻下方，也就是地樑上方，全部鋪設氣密墊以確保氣密。

最近的氣密墊都是片狀

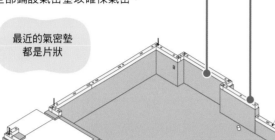

木地檻：檜木角材 120X120mm

金屬柱腳鐵件

木地檻底座下方密封包裝（整圈連續）

2 架設木地檻

事前在木地檻下方與側面塗布防腐防蟻劑（有時包括上方）。根據編號，把 120 X 120mm 的木地檻排列在基礎上。錨定螺栓在灌漿時多少有些偏移，因此配合現場情況放樣螺栓位置，在木地檻上鑽孔來安裝。木地檻架設於氣密墊上方，以槌子敲打榫接處。

有時候會使用已經加壓注入防腐防蟻劑的木地檻

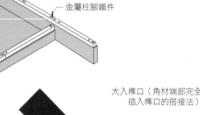

大入榫口（角材端部完全插入榫口的搭接法）

柱子凸緣榫接口

15

795

1FL±0

玄關地板：增加額外的砂漿

燕尾接合

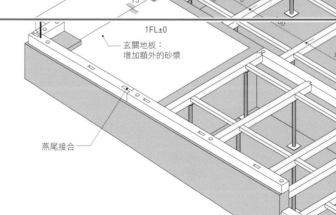

3 架設地板樑，豎立鋼材地板支柱

在地板樑以機械預切的位置鎖上鋼材地板支柱（有時是事後釘上）。地板樑根據編號，以 900mm 的間距架設。使用伸縮螺絲調整地板支柱的高度，確保平整。由地板支柱底板的上方倒入專用接著劑來固定。

拿起手邊的材料依序架設

4 架設地板底板的支撐材

本案例採用省略地板格柵的工法。一般地板底板的支撐材是以 900mm 的間距架設於地板樑之間。

採用角材端部完全插入榫口的搭接法！

5 鋪設隔熱材

使用聚苯乙烯發泡體3種厚50mm的隔熱材。鋪設範圍由地樑側面到基礎板，每500mm折疊1次（施作地板隔熱時，木地檻的地板樑上安裝Z字型的支撐扣件，填滿隔熱材）。

當心熱傳導現象

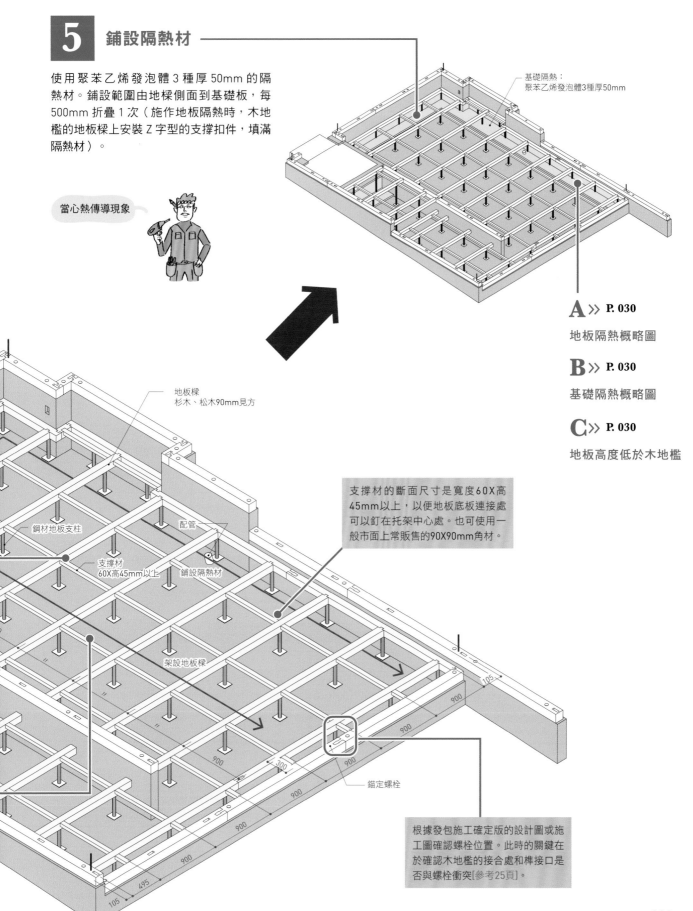

基礎隔熱：
聚苯乙烯發泡體3種厚50mm

地板樑
杉木、松木90mm見方

鋼材地板支柱

配管

支撐材
60X高45mm以上

鋪設隔熱材

架設地板樑

錨定螺栓

A ≫ P. 030
地板隔熱概略圖

B ≫ P. 030
基礎隔熱概略圖

C ≫ P. 030
地板高度低於木地檻

支撐材的斷面尺寸是寬度60X高45mm以上，以便地板底板連接處可以釘在托架中心處。也可使用一般市面上常販售的90X90mm角材。

根據發包施工確定版的設計圖或施工圖確認螺栓位置。此時的關鍵在於確認木地檻的接合處和榫接口是否與螺栓衝突[參考25頁]。

建築工程（架設木地檻）檢核表

A 地板隔熱概略圖

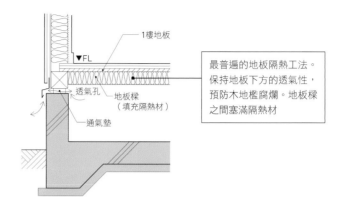

1樓地板

▼FL

透氣孔

地板樑
（填充隔熱材）

通氣墊

最普遍的地板隔熱工法。保持地板下方的透氣性，預防木地檻腐爛。地板樑之間塞滿隔熱材

B 基礎隔熱概略圖

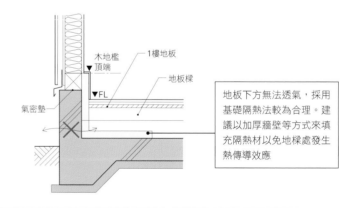

1樓地板　地板樑

▼FL

氣密墊

隔熱材

容易保持氣密狀態。地板有高低差也不易造成隔熱斷裂與破損

C 地板高度低於木地檻

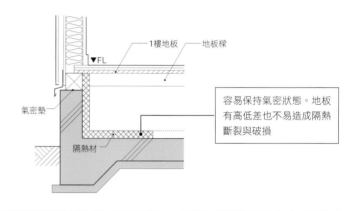

木地檻頂端　1樓地板

▼FL

地板樑

氣密墊

地板下方無法透氣，採用基礎隔熱法較為合理。建議以加厚牆壁等方式來填充隔熱材以免地板樑處發生熱傳導效應

比對進場的木材是否正確

根據預切加工圖檢查進場的木材是否正確加工。在基地面積狹小的工地施工時，工班會把材料放在建築物室內或拖吊車上。

6

第2個月

建築工程
（1樓）

木地檻架設後隔天（設有預備日者可能在數天後）一口氣建築木結構。從開始建築到上樑約 6 小時。工班由木工師傅與高處作業人員組成，至少 4 人，至多 6 人。

地板結構計畫

地板結構的工法分為2種，依有無地板格柵分類。筆者設定2樓以上的地板施工標準為使用沒有地板格柵的工法，施作鋼性地板[34頁A]。理由是施工比較容易，以及縮小樓地板與下一層天花板之間的空間，便於提高天花板高度或降低每層的高度。

1樓地板下方如果是木地檻與筏式基礎緊密連結的結構，不一定要做成剛性地板。1樓採用有地板格柵的結構，方便把2樓廚房與浴室等用水區的牆內暗管穿過格柵之間，安裝於地板下方。

本案例因為地基較高，無法把暗管藏進地板下方。因此1樓也採用沒有地板格柵的工法，以便施作。　　　　　　[關本]

現場相關人員

現場監工人員　　木工師傅　　高處作業人員

周次	1	2	3	4	5	6	7	8	9	10	11	12	13

第**1**個月　　　　第**2**個月　　　　第**3**個月　　　　第**4**個月

開始建造1樓、鋪設地板底板、塗布防腐防蟻劑

第**2**個月

建築工程（1樓）

從手邊的材料
依序建構

1　開始建構1樓柱子

在木地檻的榫口處裝上柱子，以槌子敲打固定。從柱子的地盤頂端起1m高的範圍塗布防腐防蟻劑。

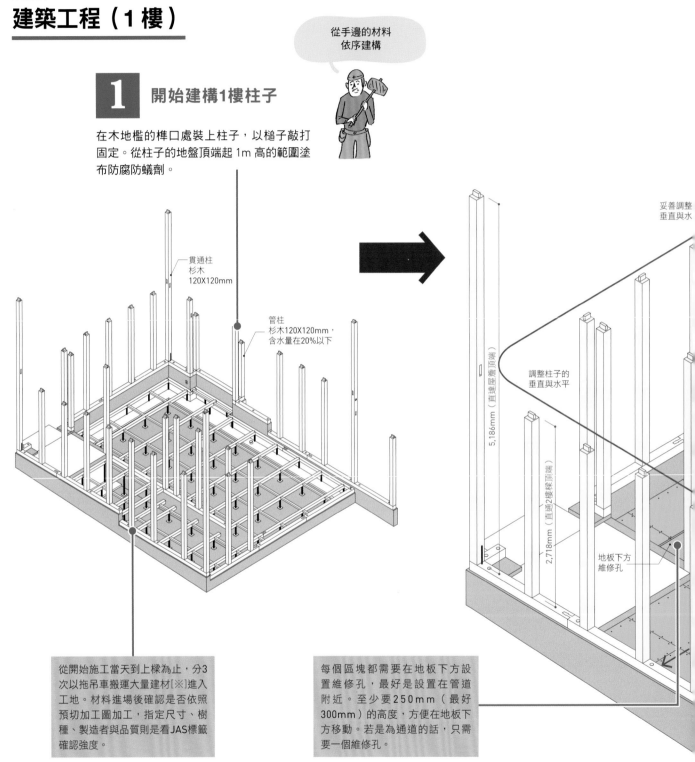

貫通柱
杉木
120X120mm

管柱
杉木120X120mm，
含水量在20%以下

妥善調整
垂直與水

調整柱子的
垂直與水平

5,186mm（直達屋簷頂端）

2,718mm（直通2樓樑頂端）

地板下方
維修孔

從開始施工當天到上樑為止，分3次以拖吊車搬運大量建材[※]進入工地。材料進場後確認是否依照預切加工圖加工，指定尺寸、樹種、製造者與品質則是看JAS標籤確認強度。

每個區塊都需要在地板下方設置維修孔，最好是設置在管道附近。至少要250mm（最好300mm）的高度，方便在地板下方移動。若為是通道的話，只需要一個維修孔。

地板底板事前在工廠加工，切割成規劃的尺寸，和柱子衝突處施以切削處理。進場的底板標有編號，依照編號順序排列。

※指防腐防蟻劑、木地檻、地板樑、基礎墊、鋼材地板支柱、結構用扣件、地板底板、防水透氣膜、隔熱材、填縫材、養護布、柱子、斜撐、樑、小型角材與板材、窗台、窗楣樑、間柱、施工架、外牆底板、天花板骨架、陸樑、屋架、椽木、屋頂防水板與天窗等等。

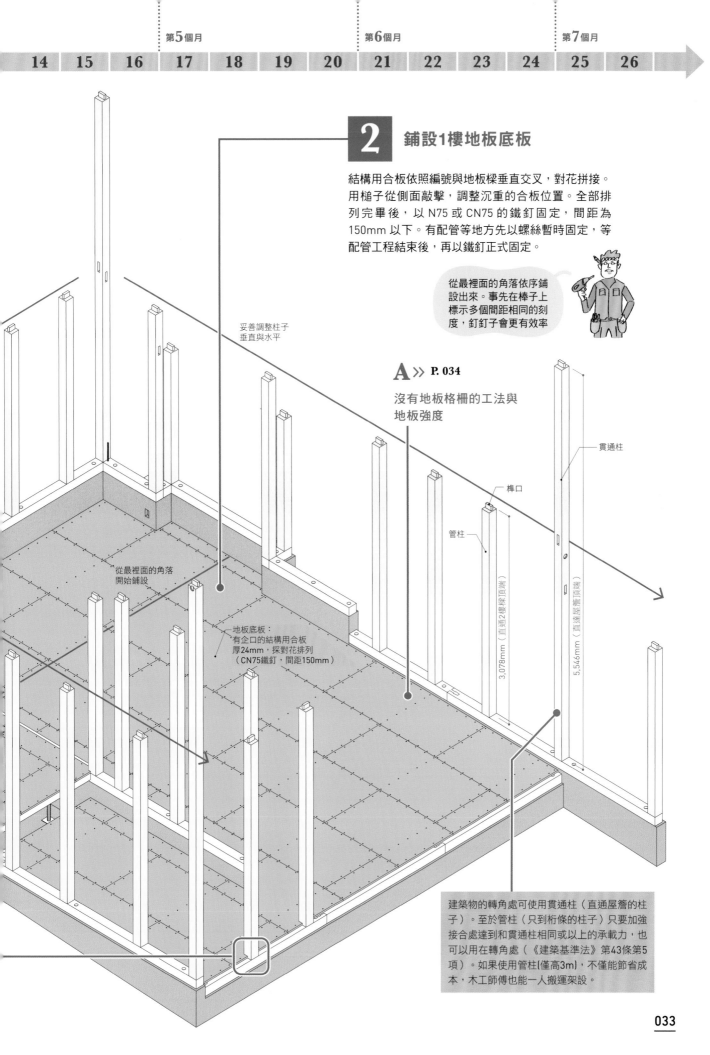

2 鋪設1樓地板底板

結構用合板依照編號與地板樑垂直交叉，對花拼接。用槌子從側面敲擊，調整沉重的合板位置。全部排列完畢後，以 N75 或 CN75 的鐵釘固定，間距為150mm 以下。有配管等地方先以螺絲暫時固定，等配管工程結束後，再以鐵釘正式固定。

從最裡面的角落依序鋪設出來。事先在棒子上標示多個間距相同的刻度，釘釘子會更有效率

A ≫ P. 034

沒有地板格柵的工法與地板強度

妥善調整柱子垂直與水平

貫通柱

榫口

管柱

3,078mm（直通2樓樑頂端）

5,546mm（直達屋簷頂端）

從最裡面的角落開始鋪設

地板底板：
有企口的結構用合板
厚24mm，採對花排列
（CN75鐵釘，間距150mm）

建築物的轉角處可使用貫通柱（直通屋簷的柱子）。至於管柱（只到桁條的柱子）只要加強接合處達到和貫通柱相同或以上的承載力，也可以用在轉角處（《建築基準法》第43條第5項）。如果使用管柱（僅高3m），不僅能節省成本，木工師傅也能一人搬運架設。

建築工程（1樓）檢核表

A 沒有地板格柵的
工法與地板強度

剛性地板的「剛」代表承受地板與屋頂面內的變形應力，也就是幾乎不會變形的高剛性地板。但是木結構的剛性地板到底是什麼樣的規格呢？由於是透過剪力牆的規格、數量與位置來判斷，所以沒有專門針對地板結構的明確標準。以一般木造2樓住宅的間距來看，地板強度倍率在1～2便已足夠。但是剪力牆的間距過大或是因為挑高導致地板間距過大者，有時不視為剛性地板。　[山田]

地板結構工法	地板強度倍率
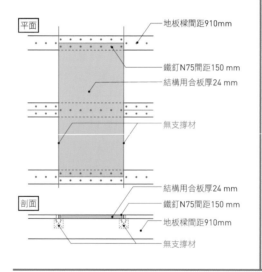平面 910 1,820 地板樑間距910mm 鐵釘N75間距150 mm 結構用合板厚24mm 托架90mm見方間距910 mm 剖面 結構用合板24mm 鐵釘N75間距150mm 地板樑間距910 mm 托架90mm見方間距910 mm	**3** 有支撐材的話，厚的結構用合板，四周可以鐵釘固定，強度倍率因而大幅提升。因為合板接合處以鐵釘固定在樑或是支撐材上，故不需要使用企口板。
平面 地板樑間距910mm 鐵釘N75間距150 mm 結構用合板厚24 mm 無支撐材 結構用合板厚24 mm 鐵釘N75間距150 mm 地板樑間距910mm 剖面 無支撐材	**1.2** 因為沒有支撐材，厚的結構用合板長邊無法以鐵釘固定，強度倍率因而大幅下降。必須使用企口板，以免走在地板上時發出聲響。

地板強度倍率不僅受到結構用合板的厚度影響，大幅左右強度倍率的因素還包括鐵釘直徑、間距，以及接合處安裝支撐材導致面內剪力不易中斷。

出處：促進住宅品質之相關法律

📷
1樓柱子建構完成的狀態
→從這裡到上樑要在當天完成

1樓柱子建構完成的狀態。全部要在當天完成，因此必須注意施工效率。

7

建築工程
（2樓）

施作順序為2樓橫向骨架→地板底板→柱子。從這個階段開始出現高處作業，施工時需格外留意。使用拖吊車把建材搬至高處。

樑柱計畫影響設計

1樓天花板兼2樓的地板樑，使用2X4英寸（38X238mm）的角材，架設間距僅300mm。縮小間距不僅能提升強度，還能營造精巧的印象。筆者除了使用這種工法，也經常使用60X180mm的角材搭配455mm的間距，或是45X120mm的角材搭配303mm的間距來設計外露樑。

外露樑代表天花板的空間變少，因此安裝燈具時，可以在樓板下方釘合板來確保管線空間[參考88與96頁]。

設定樑柱計畫時也要注意樑柱與地板拼接的方向。基本上木造房的橫向骨架、地板底板與木地板的拼接方向要設定為垂直交叉來提升強度。換句話說，地板底板、橫向骨架必須與木地板的拼接方向呈垂直交叉。 [關本]

現場相關人員

現場監工人員　　木工師傅　　高處作業人員

第1個月			第2個月			第3個月				第4個月

周次	1	2	3	4	5	6	7	8	9	10	11	12	13

架設2樓橫樑、鋪設地板底板、調整柱子垂直與水平

第2個月

建築工程（2樓）

1 安裝2樓橫樑與地板樑

1樓所有柱子安裝完成後，開始架設橫樑。橫樑和地板樑會根據編號架設，以槌子敲擊樑與柱子的榫接處。此時在1樓對柱子進行鉛錘調整，使其垂直，並用臨時斜撐桿固定柱子與橫樑。

弄錯編號就組合不起來了

裝飾樑：花旗松特一等120mm見方

裝飾樑：120X270mm

裝飾樑：2X4英寸角材（38X238 mm），間隔300 mm（無規格章）

裝飾樑：90mm見方

依照編號架設橫樑

妥善調整柱子垂直與水平

120×300

120×300

依照編號架設橫樑

2 安裝樑的接合扣件

橫樑安裝到一定程度，會依序安裝樑的接合扣件（六角形螺栓與板羽球拍螺栓）。有時預切加工圖不會標示固定安裝像板羽球拍的螺栓（Battledore 螺栓）所需的孔洞，需要和現場施工人員確認安裝方式與位置。

別漏了！

A ≫ **P. 038**

樑的接合扣件

3 鋪設2樓地板底板

2樓地板採用沒有地板格柵的工法施作剛性地板［參考 34 頁］。24mm 厚的結構用合板依照編號與地板樑垂直交叉，對花拼接。用槌子從側面敲擊，調整沉重的合板位置。全部排列完畢後，以 N75 或 CN75 的鐵釘固定，間距為 150mm 以下。就算結構上不需要打釘固定，為了防止木材翹曲與地板發出聲響，所有建材（包含樑、地板格柵與支撐材）都需要打釘固定。

和1樓一樣從最裡面的角落開始依序鋪設。事先在棒子上標示多個間距相同的刻度，釘釘子會更有效率。

第5個月　　第6個月　　第7個月

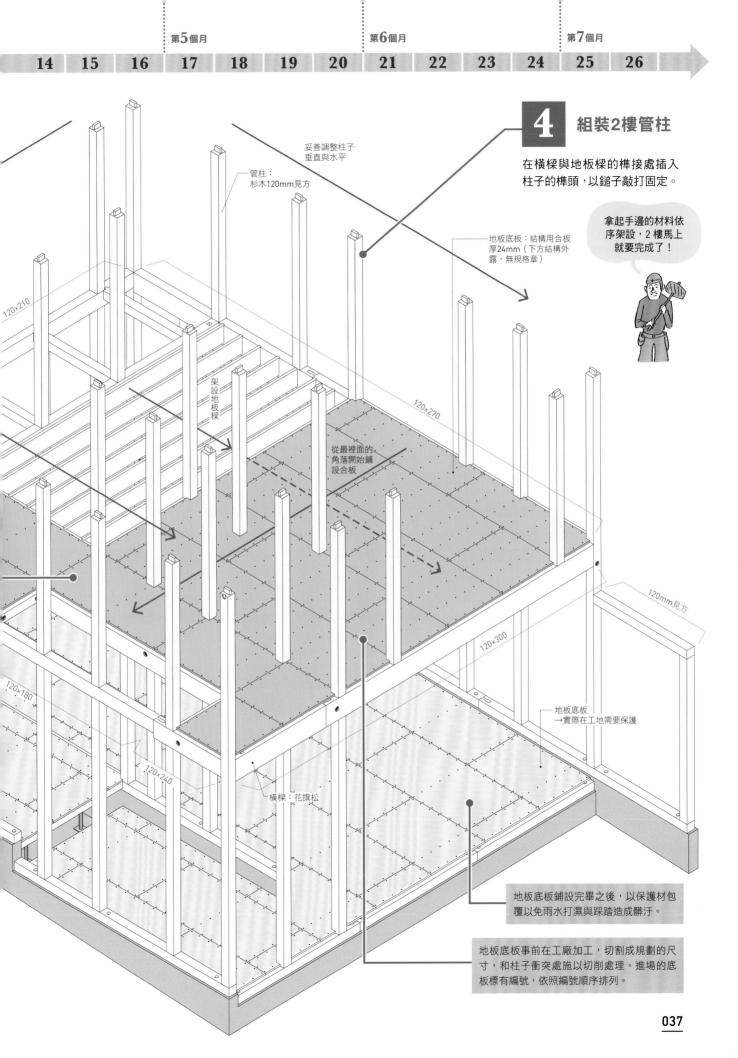

4　組裝2樓管柱

在橫樑與地板樑的榫接處插入柱子的榫頭，以鎚子敲打固定。

拿起手邊的材料依序架設，2樓馬上就要完成了！

妥善調整柱子垂直與水平

管柱：杉木120mm見方

地板底板：結構用合板厚24mm（下方結構外露，無規格章）

架設地板樑

120×210

120×270

從最裡面的角落開始鋪設合板

120×300

120mm見方

120×180

地板底板→實際在工地需要保護

120×240

橫樑：花旗松

地板底板鋪設完畢之後，以保護材包覆以免雨水打濕與踩踏造成髒汙。

地板底板事前在工廠加工，切割成規劃的尺寸，和柱子衝突處施以切削處理。進場的底板標有編號，依照編號順序排列。

建築工程（2樓）檢核表

 ## A 樑的接合扣件

在大樑與小樑交錯的T字切口槽處通常加工成燕尾狀的榫接口或是平準接口，並且以像板羽球拍的Battledore螺栓固定以防脫落。　　　[山田]

Battledore 螺栓

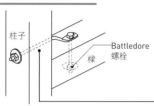

柱子
Battledore 螺栓
樑

> 最近扣件廠商推出可以直接用螺絲固定在橫樑上的Battledore螺栓[※]。固定Battledore螺栓的孔洞不會預先在工廠加工，預切加工圖也不會標註

六角形螺栓

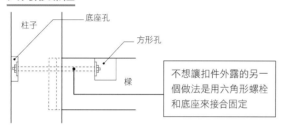

柱子
底座孔
方形孔
樑

> 不想讓扣件外露的另一個做法是用六角形螺栓和底座來接合固定

不外露的扣件
（隱形扣件）

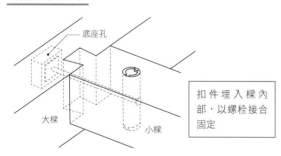

底座孔
大樑
小樑

> 扣件埋入樑內部，以螺栓接合固定

支撐樑的
鐵件

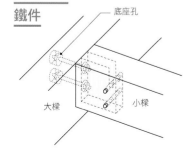

底座孔
大樑
小樑

> 使用鐵件縮小大樑切口，維持剛性與耐力

[COLUMN1]
專欄1

美觀的結構外露有賴與機械預切工廠事前溝通

結構外露的地板與天花是展現設計的位置，兼顧細節方能呈現完美成果。

1 鋪設時合板表面朝下

2樓地板（1樓天花）的結構用合板外露者，挑選木節少的合板表面朝下鋪設。不僅需要在圖面上特別標示，還會影響上樑的工序。預切階段就要通知監工這項資訊。

2 進場前清除合板上的規格章

合板與2X4英寸角材等會在木節少的表面蓋規格章。拿合板當裝飾板材時必須清除這些規格章。要在何時清除規格章也是討論預切加工時的注意事項之一。另一個作法是上樑後在工地用磨砂機磨除。但是這種作法費時費力，現場施工人員都不樂意施作。因此最好在上樑進場之前，請預切工廠代為清除。

3 樑與垂木的接合處以手工調整

由於外露樑設計，也會講求插入垂木的切口槽整齊美觀。預切工廠是用修邊機來加工切口，沒有特別指示就會在轉角處出現突出的圓角（在日本工地稱為「隱形米老鼠」）。因此施作外露樑的切口槽時會多出一個步驟——以手工作業消除圓角。這也是和預切工廠事前溝通時需另行標示的部分，並且說明如何加工。

※「螺絲 Battledore 扣件 II」（BX Kaneshin）、「螺絲固定 Battledore ＜匠＞」（TANAKA）等等。

8
第2個月

建築工程
（閣樓）

架設簷桁木、山牆處樑和小樑，鋪設閣樓的地板底板，閣樓結構一下子就完成了。師傅動作迅速，令人瞠目結舌！

閣樓的使用方式與水平結構

　　把閣樓規劃在斜坡屋頂是為了提高天花板高度[42頁A]。此外，閣樓四周是下一層樓的整面書櫃、主臥室以及連結兒童房的結構外露挑高處[參考114頁]。為了讓挑高處顯得俐落乾淨，沒有施作隅撐樑。

　　一般的日本屋架通常會施作隅撐樑，以打造簷桁木與山牆處樑的水平結構標準。但是選擇屋架的樑外露設計時，基於美觀考量不施作隅撐樑。因此，通過地面的標準，在閣樓地板上鋪設結構用合板，在不使用隅撐樑的情況下確保了水平結構表面。此外，本案例則在屋頂面也建立了水平結構[參考44頁]。　　　　[關本]

現場相關人員

現場監工人員　　木工師傅　　高處作業人員

周次	1	2	3	4	5	6	7	8	9	10	11	12	13

第1個月　　　第2個月　　　第3個月　　　第4個月

簷桁木、屋架支柱、閣樓地板底板

第2個月

建築工程（閣樓）

1　架設簷桁木、山牆處樑和屋架樑

2 樓柱子安裝完成後，開始架設橫樑。簷桁木、山牆處樑和屋架樑根據編號架設，以槌子敲擊樑與柱之間的榫接合處。此時 2 樓以鉛錘調整柱子的垂直方向，以臨時斜撐桿固定柱子與橫樑。

> 號碼弄錯就組合不起來了

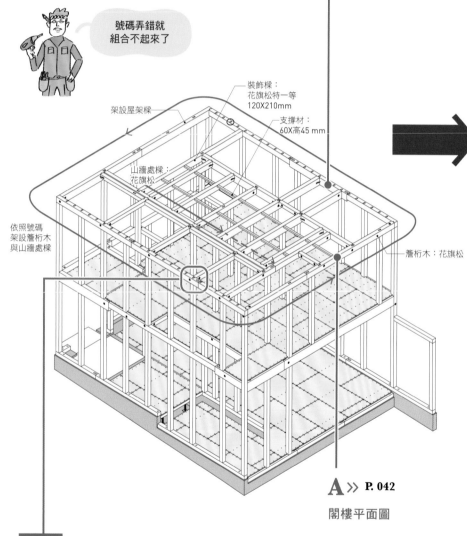

裝飾樑：
花旗松特一等
120X210mm

架設屋架樑

支撐材：
60X高45 mm

山牆處樑：
花旗松

依照號碼
架設簷桁木
與山牆處樑

簷桁木：花旗松

120×240

A ≫ **P. 042**

閣樓平面圖

2　安裝橫樑扣件

> 位置沒問題！

橫樑安裝到一定程度，會依序安裝樑的接合扣件（六角形螺栓與 Battledore 螺栓 [參考 38 頁]）。有時預切加工圖不會標示固定安裝 Battledore 螺栓所需的孔洞，需要和現場施工人員確認安裝方式與位置。

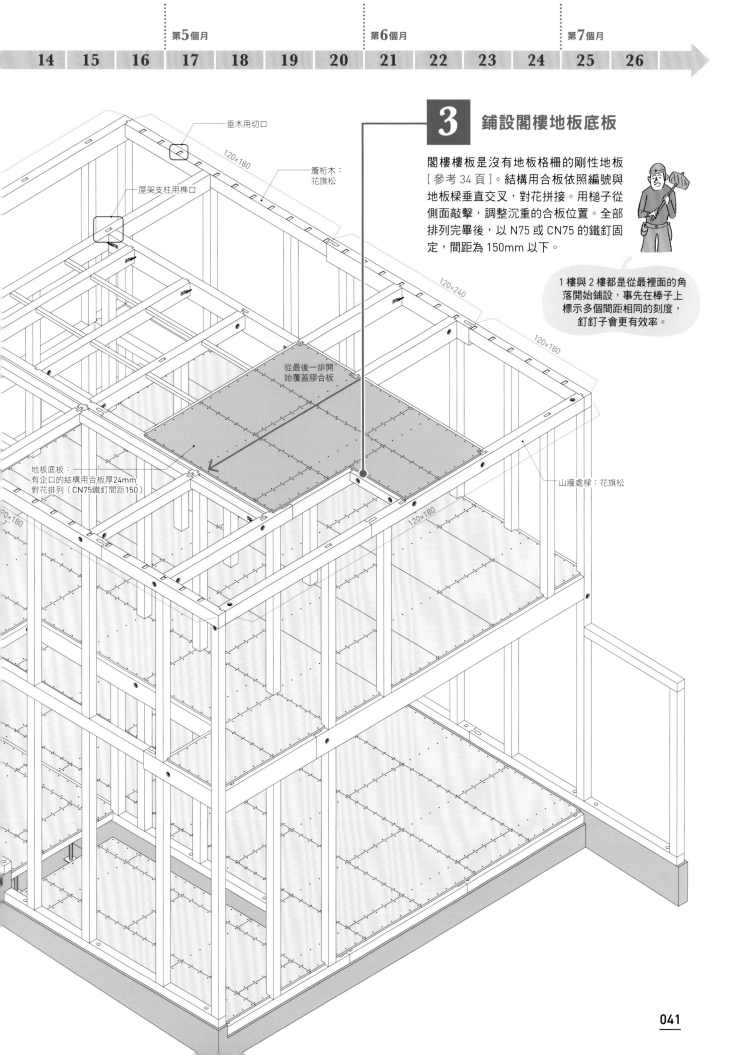

垂木用切口

120×180

屋架支柱用榫口

簷桁木：
花旗松

3 鋪設閣樓地板底板

閣樓樓板是沒有地板格柵的剛性地板 [參考 34 頁]。結構用合板依照編號與地板樑垂直交叉，對花拼接。用槌子從側面敲擊，調整沉重的合板位置。全部排列完畢後，以 N75 或 CN75 的鐵釘固定，間距為 150mm 以下。

1 樓與 2 樓都是從最裡面的角落開始鋪設，事先在棒子上標示多個間距相同的刻度，釘釘子會更有效率。

120×240

120×180

從最後一排開始覆蓋膠合板

地板底板：
有企口的結構用合板厚24mm
對花排列（CN75鐵釘間距150）

山牆處樑：花旗松

120×180

建築工程（閣樓）檢核表

A 閣樓平面圖

閣樓透過開口處與樓下其他房間連結。根據每個房間的特色，決定開口處的大小與位置。

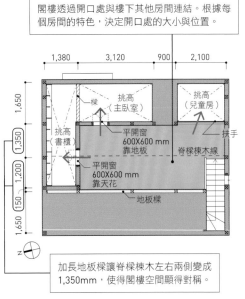

加長地板樑讓脊樑棟木左右兩側變成1,350mm，使得閣樓空間顯得對稱。

閣樓平面圖[S＝1:150]

離上樑只剩一步了！

閣樓組立完成後，開始準備上樑。拖吊車來到現場，搬運脊樑棟木入場。照片中是在組立好的簷桁木與脊樑棟木之間，正要架設沿著斜坡屋頂的樑。[參考44頁]

閣樓與夾層的定義

閣樓與夾層的定義由各地方政府的建築主管機關制定，東京都市中心條件更是嚴格。
設計之前需要多方確認。以下是杉並區的閣樓與夾層定義。

1 閣樓與夾層的樓地板面積在該樓層的二分之一以下

2 最高高度在 1.4m 以下

3 樓梯形式為可移動式階梯或梯子（固定式樓梯算入樓板面積）

4 屋架橫樑的長度≦各樓層橫樑的長度

5 開口處為收納面積的1/20 以下

6 不得設置天線、區域網路、空調等與收納無關的設備

7 由樓梯途中進入或與該樓層樓板高度相同的其他入口均不得視為閣樓或夾層

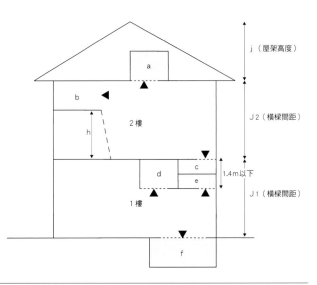

1樓板面積…S1	橫樑間距	a+b+c<S2X1/2	h≧2.1m
2樓板面積…S2	…J1及J2	a+b+c<S2X1/2	j≧J1且J2
屋架高度…j		a+b+c<S2X1/2且S1X12	

9

第2個月

建築工程
（屋架）

屋架完成代表整個建築結構工作告一段落！從安裝開始到結束約莫6小時，一般習慣於結束後進入屋頂基材工程。屋頂基材工程的工時約2小時。

規劃外露結構時的注意事項

　　本案例的屋架結合日式屋架與沿著斜坡屋頂架設的裝飾樑，在屋架樑上建構屋架支柱，以及架設裝飾用的垂木。結構材外露代表合板也外露。合板有表裡之分，事前提醒現場施工人員要把木節少的表面安裝在室內[※]。安裝燈具等需要配線的工程，則必須在屋頂基材完成之前施作。直接安裝在屋頂的燈具位置，必須事前標記在天花板的俯視圖。

　　至於結構，如果屋頂是水平結構的日式小屋，會安裝結構用擋簷板連接屋頂和外牆[46頁A]。　　　　　　　[關本]

相關人員 現場

現場監工人員　　木工師傅　　高處作業人員

※ 但是合板表面蓋有符合 JAS 規格的章，需在預切加工階段請預切工廠代為清除

周次	第1個月				第2個月				第3個月				第4個月
	1	2	3	4	5	6	7	8	9	10	11	12	13

架設屋架、鋪設屋頂防水板、上樑

第2個月

建築工程（屋架）

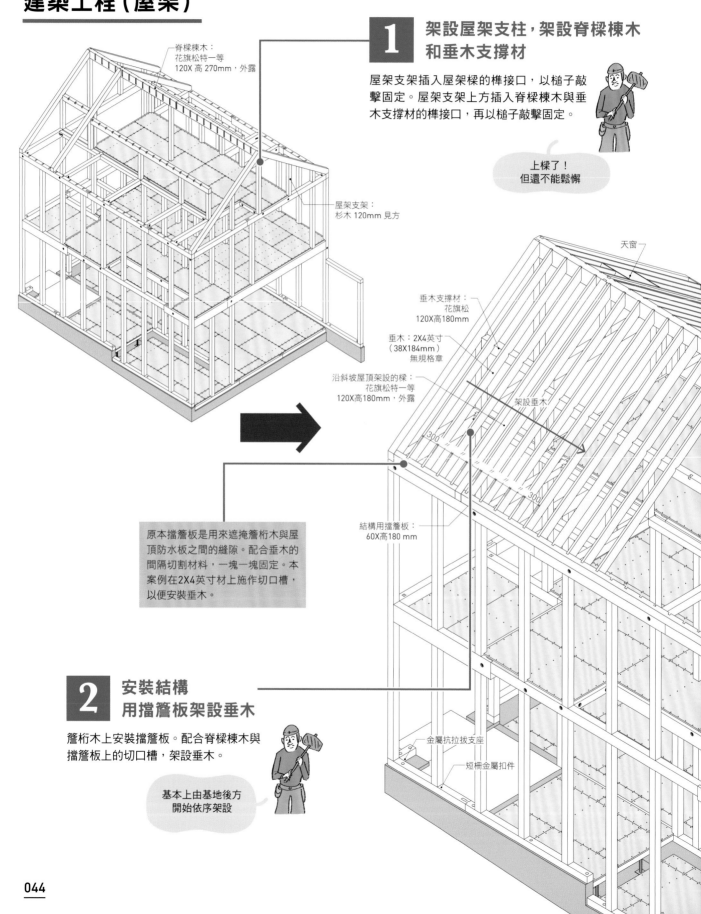

脊樑棟木：
花旗松特一等
120X 高 270mm，外露

屋架支架：
杉木 120mm 見方

1 架設屋架支柱，架設脊樑棟木和垂木支撐材

屋架支架插入屋架樑的榫接口，以槌子敲擊固定。屋架支架上方插入脊樑棟木與垂木支撐材的榫接口，再以槌子敲擊固定。

> 上樑了！
> 但還不能鬆懈

天窗

垂木支撐材：
花旗松
120X高180mm

垂木：2X4英寸
（38X184mm）
無規格章

架設垂木

沿斜坡屋頂架設的樑：
花旗松特一等
120X高180mm，外露

300

300

結構用擋簷板：
60X高180 mm

原本擋簷板是用來遮掩簷桁木與屋頂防水板之間的縫隙。配合垂木的間隔切割材料，一塊一塊固定。本案例在2X4英寸材上施作切口槽，以便安裝垂木。

2 安裝結構用擋簷板架設垂木

簷桁木上安裝擋簷板。配合脊樑棟木與擋簷板上的切口槽，架設垂木。

> 基本上由基地後方開始依序架設

金屬抗拉拔支座

短柵金屬扣件

3 鋪設屋頂防水板

為了建立屋頂面的水平結構,使用 12mm 厚的結構用合板。基本上是由下往上鋪設,施作時才有地方可以踩,提升施工效率;同時藉由最上排的防水板來調整最後不滿一整塊完整防水板的部分。放樣標示最後不足的尺寸,可切割防水板來鋪設(也可委託預切工廠)。但是本案例因為要配合雙層垂木 [參考 52 頁] 的分割,所以是用最下排來調整。以 N50 或 CN50 的鐵釘固定,間距為 150mm 以下。就算結構上不需要打釘固定,為了防止木材翹曲與地板發出聲響,所有建材(包含樑與垂木)都需要打釘固定。

上樑後要趕快鋪設屋頂防水板,以免雨水損害屋架!

屋頂防水板:
結構用合板厚12mm
(室內側外露,不上漆,無規格章)

受力方向

A >> **P. 46**
連結屋頂的水平結構與剪力牆

由洩水坡度最低處開始鋪設屋頂防水板

由洩水坡度最低處開始鋪設防水布

斜撐桿

防水布

4 用防水布包覆,以防下雨

之後的工程是屋頂隔熱跟完成屋頂。事前準備好防水布,以便下雨時能隨時包覆保護

有些工地是蓋藍色帆布

防水布

搭接寬度

短柵金屬扣件

1,800

900

5 安裝正式斜撐與剩餘的結構用鐵件

屋頂防水板鋪設完畢之後,使用鉛錘校正柱子等處垂直與否,並且安裝正式的斜撐桿與剩餘的結構用鐵件(金屬抗拉拔支座或短柵金屬扣件)。預切工廠並未事先切削安裝這些鐵件所需的孔洞,因此預切加工圖上也不會標示。安裝方式與位置是在工地與現場施工人員確認。

別漏了!

建築工程（屋架）

A 連結屋頂的水平結構與剪力牆

日式屋架是在屋架樑上組合屋架支柱，由桁條與垂木組成屋頂面。因此除了簷桁木處，屋頂面和2樓的柱子、剪力牆並未連結。換句話說，整體結構以環繞建築物整體一圈的簷桁木和山牆處樑為界，並未完整連結。所以施作日式屋架時必須下工夫來連結結構。

[山田]

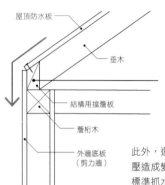

屋頂防水板
垂木
結構用擋簷板
簷桁木
外牆底板（剪力牆）

安裝結構用擋簷板來連結屋頂與外牆。剪力牆都集中於外牆，以外牆承受水平荷載。結構用擋簷板的正面寬度需為40～60mm

此外，還必須規劃山牆以避免風壓造成變形。本案例是以屋架樑標準抓水平結構（閣樓樓板）與由該處延伸的樑來拘束。

📷 垂木與脊樑棟木的接合處也要講究美觀

照片中是從脊樑棟木架設2X4英寸垂木。若規劃為裝飾用，連同垂木與脊樑棟木的接合處也要重視外觀。但是加工脊樑棟木的切口槽時，會留下突出的圓角（修邊機銑刀的迴轉半徑）[參考38頁專欄1]。為了消除圓角必須事前與廠商溝通，以手工等方式處理。

[專欄3 COLUMN3]

結構外露的種類

「小巷子裡的家」採用厚38mm的2X4英寸角材，架設間隔為300mm。
筆者考量成本與設計，屋架結構多半採用下列組合：

2X4英寸角材38X184mm，間隔300mm （例如「小巷子裡的家」）

<優點>
■市售產品可節省成本
■正面寬度窄，天花顯得輕巧
■營造粗獷休閒的氣氛

<缺點>
■木節多，品質良莠不齊
■用於裝飾時必須清除規格章

杉木45X180mm，間隔303mm

<優點>
■木紋優美，品質穩定
■尺寸可自由設定
■營造高雅方正的氣氛

<缺點>
■部分杉木價格高昂

木質鋼骨樑（單板層積材（Laminated Veneer Lumber, LVL）30X200mm，雙層夾扁鐵6X200mm），間隔為900mm

<優點>
■間距寬
■屋頂巨大也能顯得輕盈

<缺點>
■成本高
■必須由結構技師計算與監造

屋頂隔熱

斜坡屋頂採用結構外露的設計，所以屋頂隔熱必須採用外部貼面工法。安裝雙層垂木垂直交叉，填充隔熱材，再張貼防水透氣膜。這一連串的工程需要 2 名木工，施工時間約 8 小時。

如何施作結構外露的天花板隔熱？

屋頂的隔熱工法分為天花板隔熱、桁架上隔熱與屋頂外部貼面。就水平施工的天花板設計可以在天花板或是桁架上方填充隔熱材，會比使用外部貼面工法來得更薄，十分適合用於市中心等高度與形狀嚴格規定的地區。

另一方面，斜坡屋頂比較適合使用在垂木與沿著斜坡屋頂架設的樑之間填充隔熱材的工法。至於像本案例這種結構外露的設計，則是施作雙層垂木，在外側垂木之間填充隔熱材[50頁A]。但是雙層垂木因為使用的建材多，必須留意成本。隔熱材由於是在室外施作，需要留意施工期間何時下雨。　　　　　　　　　　　　　[關本]

現場相關人員

現場監工人員　　木工師傅

		第1個月				第2個月				第3個月			第4個月
周次	1	2	3	4	5	6	**7**	8	9	10	11	12	13

填充屋頂隔熱材、組裝屋頂施工架、上樑儀式

第2個月

屋頂隔熱

1 安裝雙重垂木

橫向垂木與沿屋頂斜坡架設的縱向垂木垂直交叉，以釘子固定在屋頂防水板上。橫向垂木的接縫不可對齊。

垂木的高度要配合隔熱材的厚度！

2 施作安裝 通風橫樑用的基材

這個基材是用來固定通風橫樑[參考52頁]，也能避免橫向垂木翻轉。以釘子固定在橫向垂木上。

無論何時都要用心施工

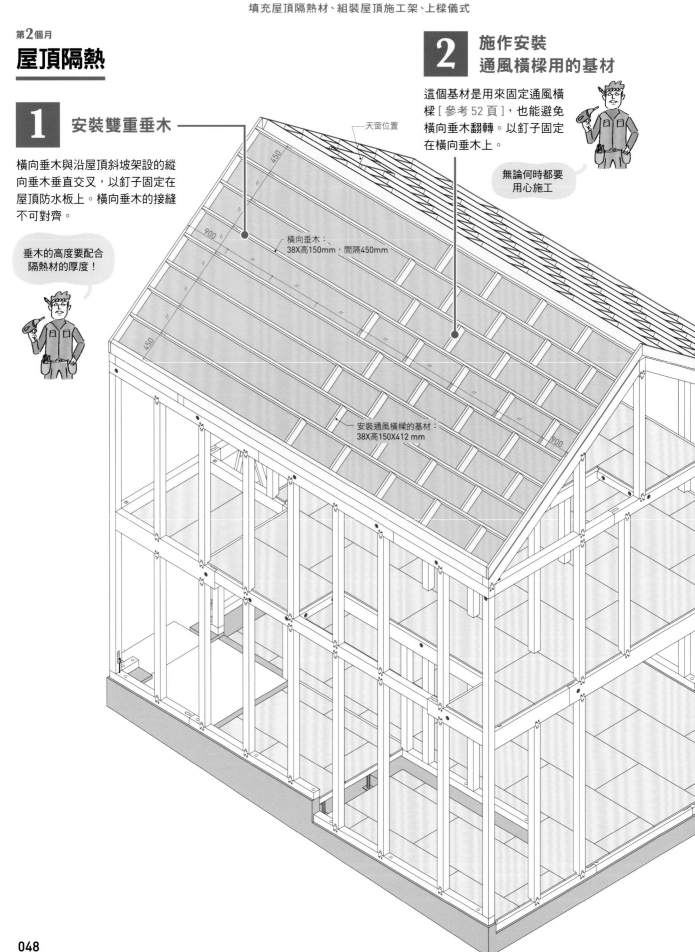

天窗位置

橫向垂木：
38X高150mm，間隔450mm

安裝通風橫樑的基材：
38X高150X412 mm

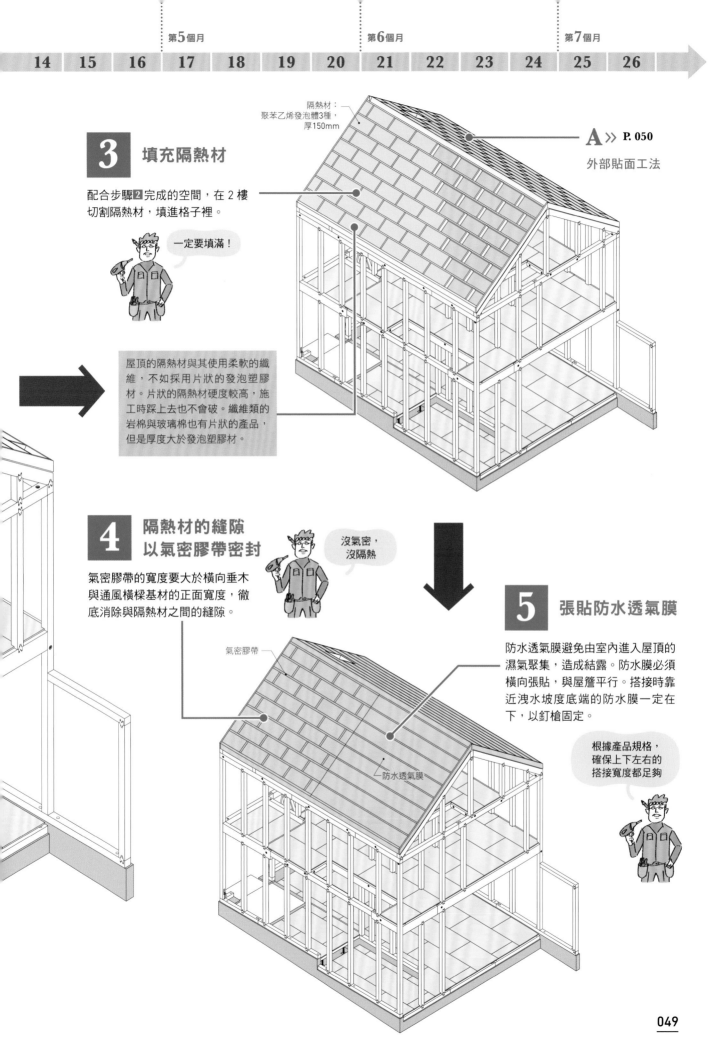

隔熱材：
聚苯乙烯發泡體3種，
厚150mm

A ≫ **P. 050**

外部貼面工法

3 填充隔熱材

配合步驟 **2** 完成的空間，在 2 樓切割隔熱材，填進格子裡。

一定要填滿！

屋頂的隔熱材與其使用柔軟的纖維，不如採用片狀的發泡塑膠材。片狀的隔熱材硬度較高，施工時踩上去也不會破。纖維類的岩棉與玻璃棉也有片狀的產品，但是厚度大於發泡塑膠材。

4 隔熱材的縫隙以氣密膠帶密封

沒氣密，沒隔熱

氣密膠帶的寬度要大於橫向垂木與通風橫樑基材的正面寬度，徹底消除與隔熱材之間的縫隙。

氣密膠帶

5 張貼防水透氣膜

防水透氣膜避免由室內進入屋頂的濕氣聚集，造成結露。防水膜必須橫向張貼，與屋簷平行。搭接時靠近洩水坡度底端的防水膜一定在下，以釘槍固定。

防水透氣膜

根據產品規格，確保上下左右的搭接寬度都足夠

屋頂隔熱檢核表

 A 外部貼面工法

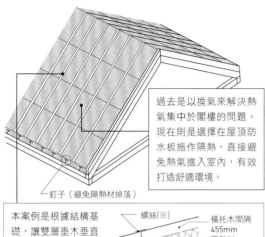

> 過去是以換氣來解決熱氣集中於閣樓的問題。現在則是選擇在屋頂防水板施作隔熱,直接避免熱氣進入室內,有效打造舒適環境。

釘子(避免隔熱材掉落)

本案例是根據結構基礎,讓雙層垂木垂直交叉。但是也可以平行架設(見圖),施作起來也方便。

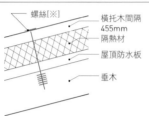

螺絲[※]
橫托木間隔455mm
隔熱材
屋頂防水板
垂木

📷 從屋頂上方填充隔熱材

在雙層垂木的橫向垂木處填充隔熱材(其他現場)。照片中的玻璃棉厚度180mm。

隔熱性能與成本

屋架樑外露的屋頂隔熱選擇外部貼面工法而非填充隔熱。挑選時需要考量施工容易與否和成本。
以下彙整各類隔熱材的優缺點:

高性能玻璃棉24公斤 (細長比=0.040〜0.035)

<優點>
■ 高性能又節省成本

<缺點>
■ 因為材質柔軟,有時候會踩破
■ 隔熱厚度較厚,不適合高度與形狀限制嚴格的地區

發泡聚苯乙烯3種 (細長比=0.028〜0.023)

<優點>
■ 木既能確保性能又不會加厚屋頂
■ 可以站在隔熱材上,方便施作

<缺點>
■ 價格比玻璃棉高

苯酚發泡體 (細長比=0.022以下)

<優點>
■ 隔熱性能高,適合打造更薄的屋頂或是不想改變屋頂厚度,但需要提高性能時使用

<缺點>
■ 價格高於發泡聚苯乙烯3種,大面積施作時需要多加留意

※ SAYNEGIC 公司的螺絲「Panelead Ⅱ +」等等

屋頂面板

本節說明橫向鋪設屋頂金屬板的施作方式。工序包括施作通風橫樑、鋪設屋頂防水板與張貼屋頂防水材，約莫2小時。板金工程（包含安裝天窗）約2天。

板金屋頂優點多多

屋頂工法繁多，板金用途多且容易加工。只要正確施工便能長久使用，確保止水性能；輕巧又價廉。收邊也俐落乾淨。

板金屋頂基本上分為「橫向鋪設」與「縱向鋪設」。橫向鋪設的收邊俐落又容易。所以只要洩水坡度能符合規定（住宅保證機構規定為3/10以上），筆者習慣採用橫向鋪設。

洩水坡度小於3/10的平緩坡度則採用縱向鋪設。然而想要打造俐落的屋簷前端必須在屋頂板接合處下點功夫。兩側末部的收邊與擋簷板的正面寬度會隨鋪設方式而變動，因此必須在施工前與施工人員決定細部的施作方式。為了配合發包時間，需要請業主在上樑儀式時決定屋頂金屬板的顏色。建議趁上樑儀式等和業主見面的機會，進行最終確認。　　　　　　[關本]

相關人員　現場

現場監工人員　　板金師傅　　木工師傅

施作屋頂通風橫樑及
張貼屋頂防水材通風橫樑

完成屋頂、安裝天窗與結構檢查

第2個月

屋頂面板

1 施作通風橫樑

為了確保連接外牆和屋頂的通風層 [參考 68 頁] 施作方式是在以氣密膠帶固定的防水透氣膜上面鋪設 18X45mm 的通風橫樑。

> 雨水與空氣都是經由
> 相同的路徑排出

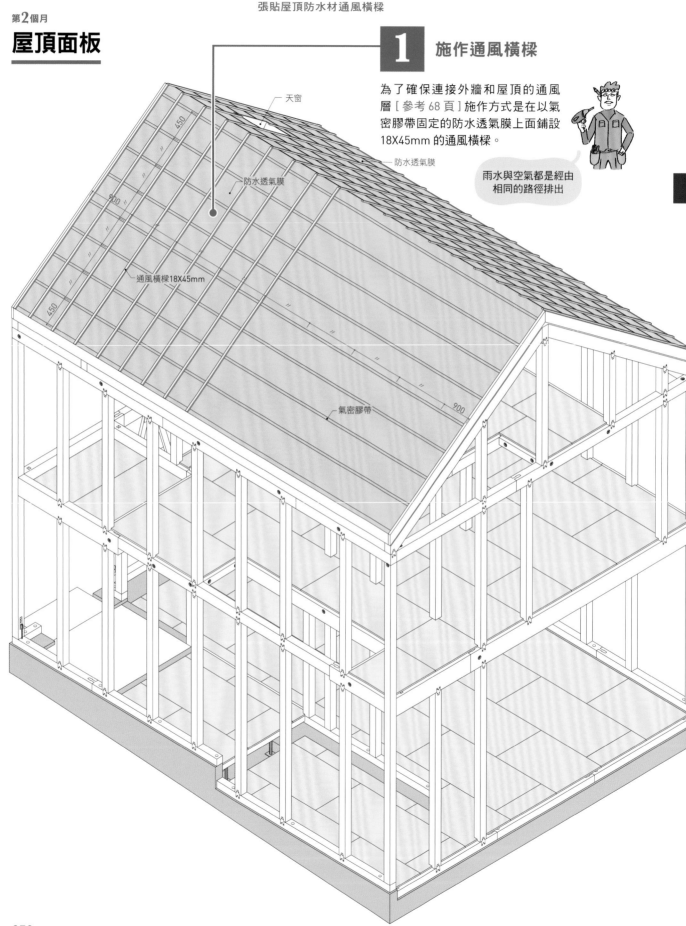

天窗

防水透氣膜

防水透氣膜

通風橫樑18X45mm

氣密膠帶

450

900

450

900

2　鋪設屋頂防水板

屋頂防水板鋪設於通風橫樑上，由屋簷前端朝屋脊鋪設。這裡使用的合板厚度是 12mm。

由下往上鋪

屋頂防水板厚12

100 mm（搭接處）

屋頂防水材：瀝青油毛氈 940 mm

分割屋頂防水板時，鋪設在洩水坡度底端的防水板要保持完整。

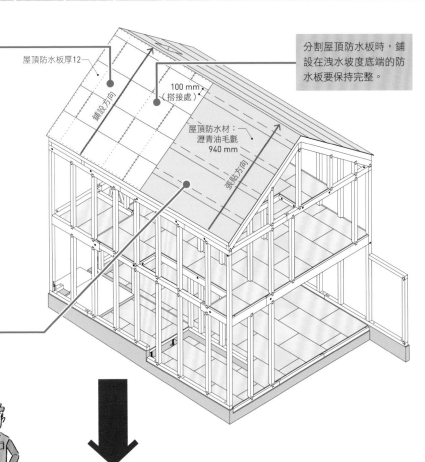

3　張貼防水材

防水材採用 JIS 規格的瀝青油毛氈 940 mm 或是具備同等或以上防水性能的產品。洩水坡度底端的瀝青油毛氈與洩水坡度頂端的搭接為底端者在下。以釘槍固定處張貼防水膠帶，以防雨水滲漏。

絕對不會讓屋頂漏雨！

滴水條

天窗

通風屋脊

擋簷板

鋁鋅鋼板厚0.35mm

交接面防水是關鍵！

4　施作天窗

基本上根據廠商提供的施工規範施作。屋頂防水材與窗框之間使用防水膠帶緊密貼合。事前提供過去的施工照片作為參考，師傅透過照片更容易了解完成後的模樣。

5　鋪設金屬板

在防水板放樣，決定屋頂金屬板如何分割。考量屋頂接合處的排水，由屋簷前端往屋脊鋪設。暫時鋪設屋頂板時，疊放會造成板材損傷，需要留意如何放置。通風屋脊則最後安裝。

最後一步的細膩工程就交給我！

屋頂面板檢核表

徹底做好屋頂的雨水排水

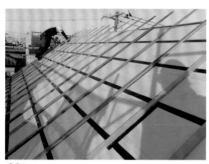

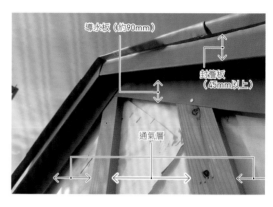

上：防水透氣膜的接縫貼上氣密膠帶，藉此確保室外側的氣密。
下：金屬板鋪在防水膜上的樣子。考量排水，由屋簷朝屋脊往上鋪。

考量雨絲會往上飄，山牆處封簷板的正面寬度至少要45mm以上。本案例選擇屋簷不突出的設計，因此需要針對山牆的屋頂邊緣與屋簷前端施作防水。以板金製作的導水板預防雨水流入，要是浸水了也能透過從屋頂延伸至外牆的通氣層排水[參考68頁]。

縱向屋頂板的邊緣收邊處理

橫向鋪設的屋頂板邊緣收邊很簡單，但若選擇縱向鋪設屋頂板則有許多收邊的方式。考量設計與師傅的技術，選擇合適的收邊方式。

一般採垂直縫收邊

屋頂的接縫以垂直形狀結束。通常這種形狀在止水方面沒有問題，但如果屋簷較低，從下面向上看時可能會看到突出部分。倘若業主重視外觀，必須更進一步設計。

彎折45度收邊

將尾端彎折45度是考量仰視時的外觀。然而彎折需要一定的技術，例如以剪刀剪下金屬板的一小部分，有時屋脊處會出現小洞等等問題必須處理。

東雲型收邊

在屋頂邊緣的垂直接縫處施力壓平折倒來呈現。如此複雜的彎折法需要師傅了解施工技巧與具備良好技術方能加工成功。加上不會出現小洞，止水功能也最為優良。

牆間柱、窗台與窗楣樑

屋頂的木工告一段落時,進行間柱、用於安裝窗戶的窗台與窗楣樑等處的木工。施工人員約2名,約5～6小時。

開口周邊要確保強度

設置於開口處的窗楣樑與窗台是承受窗戶的重要部位。近年來由於流行擴大開口,以及使用複層玻璃等因素,導致窗戶越來越重。必須配合窗戶重量調整間柱間隔與正面寬度,方能確保所需的強度[58頁A]。

窗戶安裝在窗台與窗楣樑之間。外牆完工後很難調整窗戶位置,所以必須在這個階段仔細確認窗戶安裝的位置,與窗台、窗楣樑的尺寸。

間柱是施作剪力牆面板時的基材。配合結構用合板的寬度(910mm),以455mm的間隔組裝間柱,以釘子固定在木地檻和樑上[58頁B]。 [關本]

相關人員 現場

現場監工人員　　木工師傅

周次	第1個月				第2個月				第3個月				第4個月
	1	2	3	4	5	6	7	8	9	10	11	12	13

組裝牆間柱、窗台與窗楣樑

第2個月

牆間柱、窗台與窗楣樑

1 安裝牆骨間柱

牆骨間柱以 455mm 的間隔固定在木地檻與樑上，結構用面板接縫處使用 45X120mm 的間柱，除此以外的部位使用 30X120 mm 間柱。

間柱用來承接結構用合板喔！

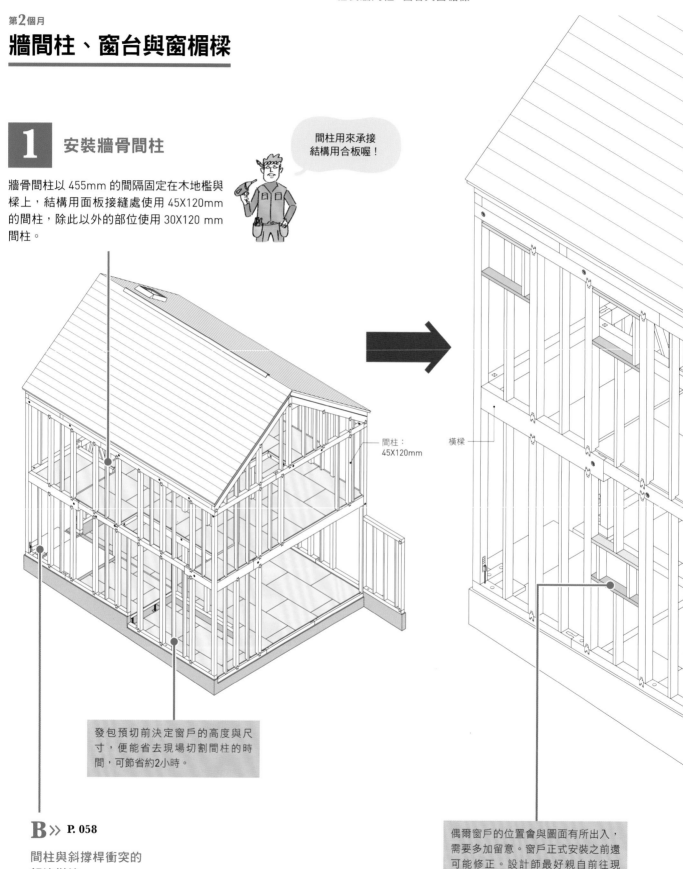

間柱：
45X120mm

橫樑

發包預切前決定窗戶的高度與尺寸，便能省去現場切割間柱的時間，可節省約2小時。

B ≫ P. 058

間柱與斜撐桿衝突的解決辦法

偶爾窗戶的位置會與圖面有所出入，需要多加留意。窗戶正式安裝之前還可能修正。設計師最好親自前往現場，比照室內立面圖等圖面，確認窗戶的位置與高度。

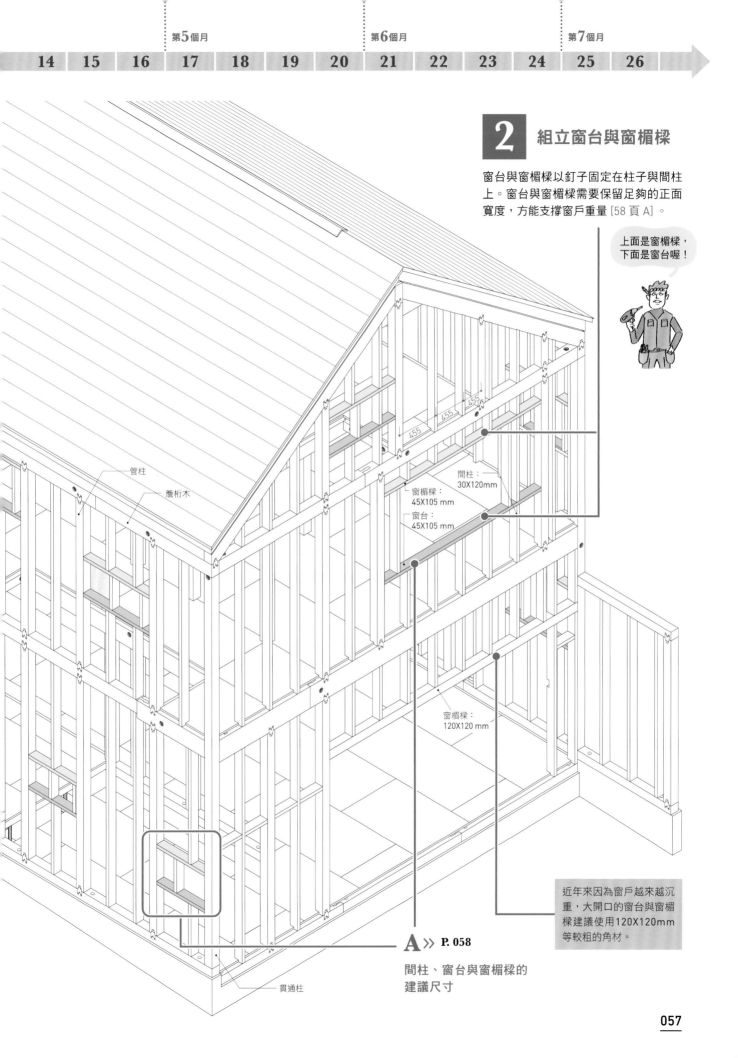

2 組立窗台與窗楣樑

窗台與窗楣樑以釘子固定在柱子與間柱上。窗台與窗楣樑需要保留足夠的正面寬度，方能支撐窗戶重量 [58 頁 A]。

上面是窗楣樑，下面是窗台喔！

455　455　455

間柱：
30X120mm

管柱

簷桁木

窗楣樑：
45X105 mm

窗台：
45X105 mm

窗楣樑：
120X120 mm

近年來因為窗戶越來越沉重，大開口的窗台與窗楣樑建議使用120X120mm等較粗的角材。

A >> **P. 058**

間柱、窗台與窗楣樑的
建議尺寸

貫通柱

牆間柱、窗台與窗楣樑檢核表

間柱、窗台與窗楣樑的建議尺寸

複層玻璃窗戶的重量是單層玻璃窗戶的2倍,因此間柱、窗台與窗楣樑的正面寬度規劃為45mm以上來確保強度。間柱的間隔則是500mm以下。

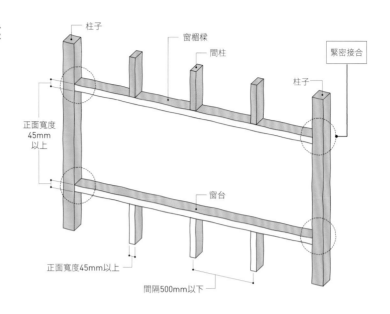

間柱與斜撐桿衝突的解決辦法

斜撐桿屬於結構框架,不得損傷。因此當間柱與斜撐桿衝突時,選擇在間柱上做小切口槽嵌入。

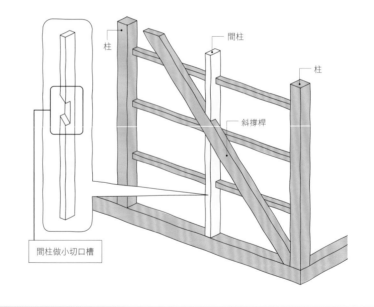

從室內往外看的模樣

從內部查看室內的間柱、窗台與窗楣樑,使用N50的鐵釘固定在作為外牆基材的結構用合板上[參考60頁]。

剪力牆

在日本，除了《建築基準法施行令》第46條與昭和56年建設省公告1100號所規範的剪力牆之外，還有許多國土交通大臣批准其規格與耐力係數的剪力板。本節主要介紹使用結構用合板的面板剪力牆。

面板剪力牆的優點
面板剪力牆與開口

　　筆者習慣使用結構用合板建造剪力牆。這是因為面板剪力牆的耐震性能佳又方便施工。建築物整體的結構行為與其用斜撐桿等「局部」，不如以「面」來傳遞，方能避免結構框架承受不必要的力量。同時連結上下左右的面板中，若把開口部周圍的懸吊牆面、裝飾腰線板牆等不計入牆量計算的雜項牆中，也可以確保作為剩餘強度的強度。[62頁A]。

　　此外，面板剪力牆適合施作填充隔熱法。優點之一是能減少牆壁厚度。　　[關本]

　　在木造軸組結構中整體使用面板剪力牆方能發揮性能，因此開口的施作方式極為重要。剪力牆是承受水平荷載的重要結構要素。最好是不要在主要負責荷載的牆面上施作開口。規劃時必須多方檢討剪力牆與配管等位置。非得施作開口時的注意事項請見[62頁A]的說明。　　[山田]

現場
相關人員

現場監工人員　　木工師傅

周次	1	2	3	4	5	6	7	8	9	10	11	12	13

第**1**個月　　第**2**個月　　第**3**個月　　第**4**個月

施作剪力牆

第**3**個月
剪力牆

1 結構用合板打釘固定

面板剪力牆藉由固定面板四周的鐵釘所帶來的斷面剪力來確保剪力牆的剛性。因此柱子、間柱、樑與桁條等結構材必須以鐵釘確實固定。鐵釘只能使用國土交通省公告或國土交通大臣批准的 N 釘與 CN 釘，並且遵守規定的間隔打釘。本案例在合板四周以 100mm 的間隔釘入 N50 釘，中間的間柱處以 100mm 的間隔釘入 N50 釘來固定。

施工時間約 6 小時

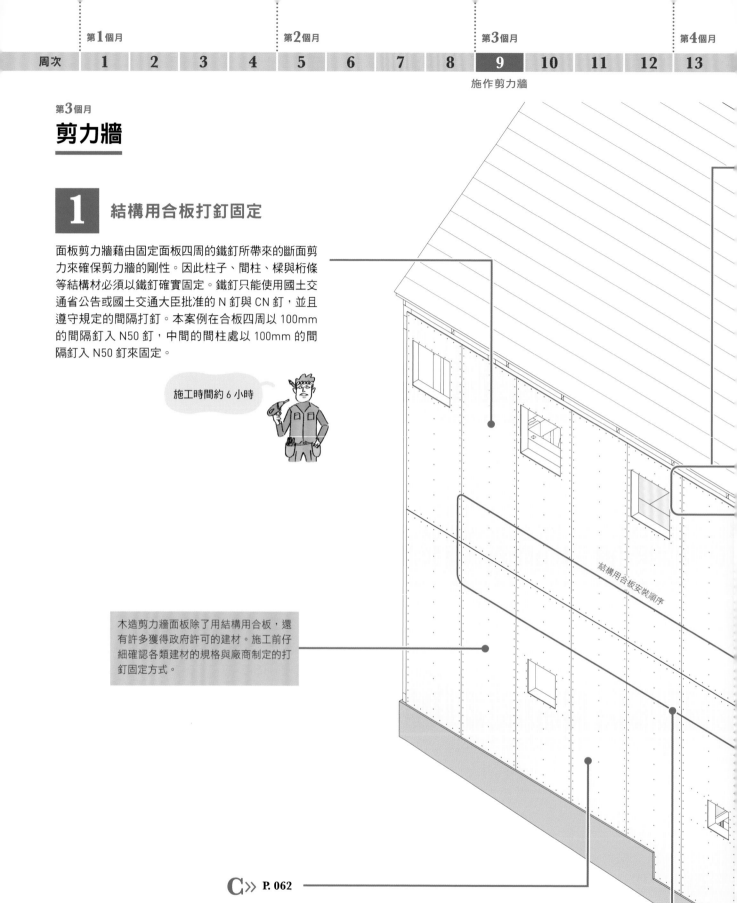

結構用合板安裝順序

木造剪力牆面板除了用結構用合板，還有許多獲得政府許可的建材。施工前仔細確認各類建材的規格與廠商制定的打釘固定方式。

C ≫ **P. 062**

剪力牆介面整合

結構用合板由下往上安裝。由於下方合板會支撐上方合板，施作時無須以手支撐，較為輕鬆。

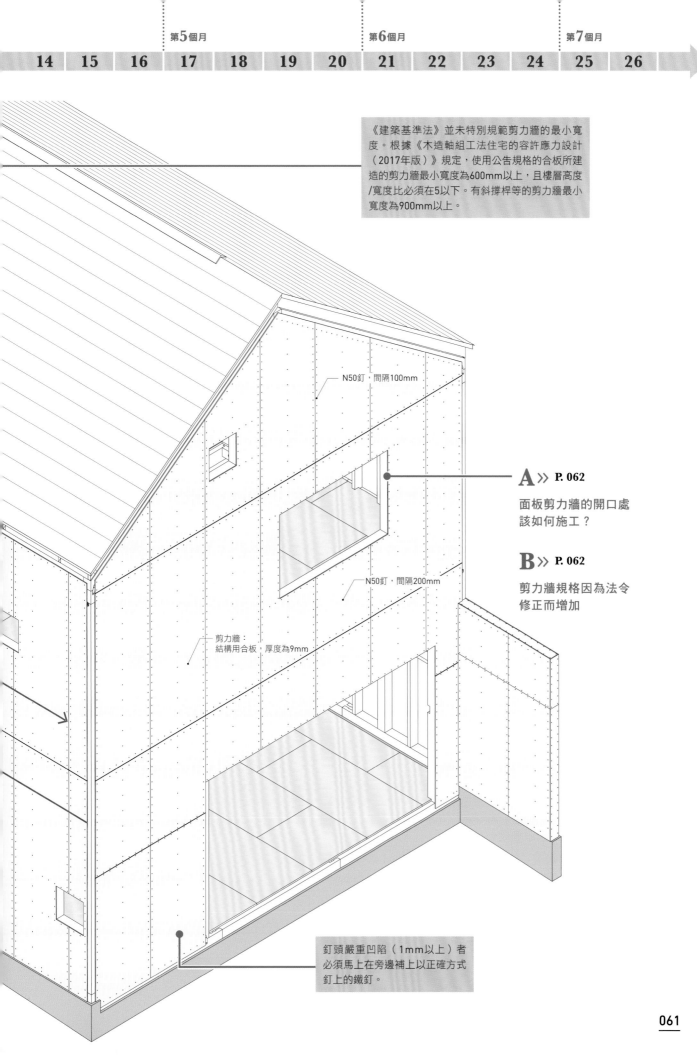

《建築基準法》並未特別規範剪力牆的最小寬度。根據《木造軸組工法住宅的容許應力設計（2017年版）》規定，使用公告規格的合板所建造的剪力牆最小寬度為600mm以上，且樓層高度/寬度比必須在5以下。有斜撐桿等的剪力牆最小寬度為900mm以上。

N50釘，間隔100mm

A》 P. 062

面板剪力牆的開口處
該如何施工？

B》 P. 062

剪力牆規格因為法令
修正而增加

N50釘，間隔200mm

剪力牆：
結構用合板，厚度為9mm

釘頭嚴重凹陷（1mm以上）者
必須馬上在旁邊補上以正確方式
釘上的鐵釘。

建築工程（屋架）檢核表

 A 連結屋頂的水平結構
與剪力牆

①無須補強的情況

面板邊緣起100mm
處和打釘固定處不
施作開口

開口對角尺寸或直
徑為面板厚度的12
倍以下，或面板短
邊寬度的1/6以下

面板短邊寬度

符合上圖條件的小型開口無須補強，因為沒有補強也能達到沒有開口的強度。開口範圍與面板固定於軸組的打釘處衝突時，會造成耐力大幅降低。雖然法令並未針對多個開口制定規範，但是一個區塊應只設置一個開口。

②必須補強的情況

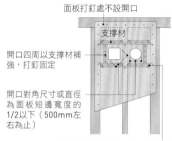

面板打釘處不設開口

支撐材

開口四周以支撐材補
強，打釘固定

開口對角尺寸或直徑
為面板短邊寬度的
1/2以下（500mm左
右為止）

兩端以螺絲等方式固定，緊密連結

符合上圖條件的開口補強後還是能施作於剪力牆。開口四周以支撐材補強，在面板上打釘。開口須避開面板邊起100mm以內處。此外，水平方向的接受材兩端長度需到柱子處，以螺絲傾斜固定，緊密連結[※1]。

③準剪力牆等情況

面板高度（a1、a2、a3）為360mm以上
剪力牆面板高（a3）
為「橫樑間高度（H）X0.8」以上

懸吊牆 a1

a3

裝飾
腰線板牆 a2

剪力牆 ｜ 裝飾腰線板牆等[※3] ｜ 半剪力牆

不屬於①與②的開口，因為難以確保該牆壁與沒有開口的牆壁強度相當，所以無法直接使用剪力牆的耐力係數計算。雖然無法列入牆量計算，配合《促進確保住宅品質相關法》所規範的「半剪力牆」與「裝飾腰線板牆」的規格，還是能以該法的計算公式與結構計算來估評[※2]。

 B 剪力牆規格因為法令修正而增加！

2018年3月26日修正昭和56年建設省公告1100號以來，追加了木造軸組結構的剪力牆規格，同時調整了耐力係數。主要修改項目包括①追加高耐力係數的剪力牆規格；②追加新的結構面板建材（結構用塑合板與結構用密迪板）；③明確規定牆壁與地板交接處，地板先施工，且牆壁不貫穿地板者的規格。本節說明①。過去認為比起一般的剪力牆（耐力係數2.5），結構用面板以大頭徑的鐵釘與小間距固定所施作的剪力牆性能更為優越。但是建設省公告1100號並未提到此事，因此不得用於《建築基準法施行令》第

46條的牆量計算。本次修法針對建設省公告1100號追加高耐力係數的面板，不需再進行詳細的結構計算，即可輕鬆使用。然而即使安裝2層結構用面板，牆量計算仍舊不得累計超過5倍。不想進行詳細的結構計算，直接使用高耐力的剪力牆面板者，可以並排2道剪力牆來確保牆量。雖然牆壁厚度會因此增加，卻毋須縮小開口寬度即能確保牆量。但必須注意的是過去固定此類規格的面板使用的是N50釘（圓頭釘），而現在是用2X4英寸角材的CN50釘（粗的圓頭釘）。[山田]

 C

剪力牆
介面整合

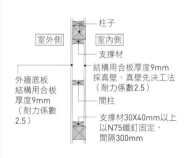

柱子

室外側 ｜ 室內側

支撐材

結構用合板厚度9mm
採真壁、真壁先決工法
（耐力係數2.5）

外牆底板
結構用合板
厚度9mm
（耐力係數
2.5）

間柱

支撐材30X40mm以上
以N75鐵釘固定，
間隔300mm

室內與室外兩側都使用厚度9mm的結構用合板，確保耐力。

合板剪力牆的規格一覽表

合板厚度與等級		鐵釘	鐵釘間隔(mm)		規格工法	係數	真壁造的支撐材		以地板先鋪設的支撐材	
厚度(mm)	等級	種類	合板四周	合板中心			斷面(mm)	鐵釘間隔(mm)	斷面(mm)	鐵釘間隔(mm)
9以上	1級 2級	CN50	75 以下	150 以下	大牆、大牆先決工法（※4）	3.7	—	—	30×60以上	120以下
					真壁、真壁先決工法（※5）	3.3	30×40以上	200以下	30×40以上	200以下
5以上* 7.5以上	1級 2級	N50	150 以下	150 以下	大牆、大牆先決工法	2.5	—	—	30×40以上	200以下
					真壁、真壁先決工法	2.5	30×40以上	300以下	30×40以上	300以下
					150以下（安裝貫穿的橫柵）	1.5				
					貫穿橫柵的見柱見樑日式牆裝					

公告修正後追加處 ＊不見樑柱的大牆、先鋪設地材的施工法在室外為7.5mm以上

※1：開口位置最好位於柱子與間柱之間，以免開口被切斷使得間柱承受外面力量而變形
※2：但是《建築基準法施行令》第46條規定的牆量計算不含「半剪力牆」與「裝飾腰線板牆」，需要另外進行結構計算
※3：「裝飾腰線板牆等」意指開口寬度在2000mm以下且左右兩側使用相同面板的剪力牆或半剪力牆之間的牆面
※4：大牆、大牆先決工法：日文為大壁，是指不見樑柱的大牆、先鋪設地材的施工法
※5：真壁、真壁先決工法：是指見柱見樑的傳統日式牆裝，以先鋪設牆面的施工法

安裝窗戶

窗戶四周的施工關鍵是防水工程。防水工程的基本是由下往上張貼防水材，施工時必須多加留意，不得有錯。施工約4～5小時。

確認防水材的施工步驟

安裝窗戶是外牆安裝結構用面板後，在窗台下方張貼窗框用防水膜，裝上窗戶後貼上防水膠帶，以確保膠帶與面板（結構用合板）密合[66頁A]。這個階段若是防水材的施工步驟或張貼方向有誤，便失去防水效果了。

與建築窗扇不同，住宅窗扇沒有施工圖審批流程。因此，安裝之前要提供現場人員窗戶發包清單，一同確認是否有誤。以筆者為例，曾經以室內的立面圖製作門窗表。但是廠商的發包清單顯示的是室外模樣。結果進場時才發現所有窗戶的鉸鏈底座都左右相反，嚇得筆者大驚失色。[關本]

現場相關人員

現場監工人員　　木工師傅

周次	1	2	3	4	5	6	7	8	9	10	11	12	13

第1個月　　　　第2個月　　　　第3個月　　　　第4個月

窗戶進場，丈量外部門窗　　　安裝窗戶與外部門窗

第2~3個月
安裝窗戶

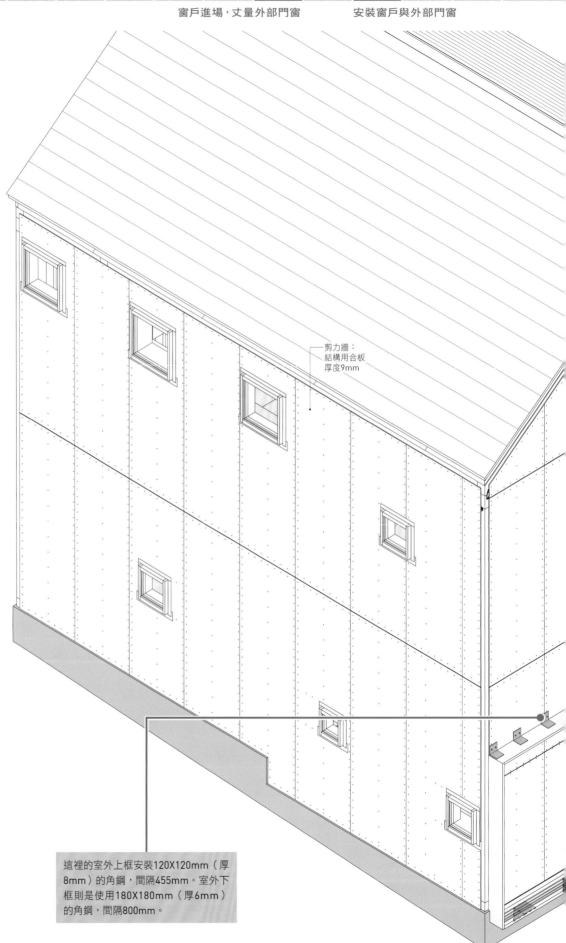

剪力牆：
結構用合板
厚度9mm

這裡的室外上框安裝120X120mm（厚8mm）的角鋼，間隔455mm。室外下框則是使用180X180mm（厚6mm）的角鋼，間隔800mm。

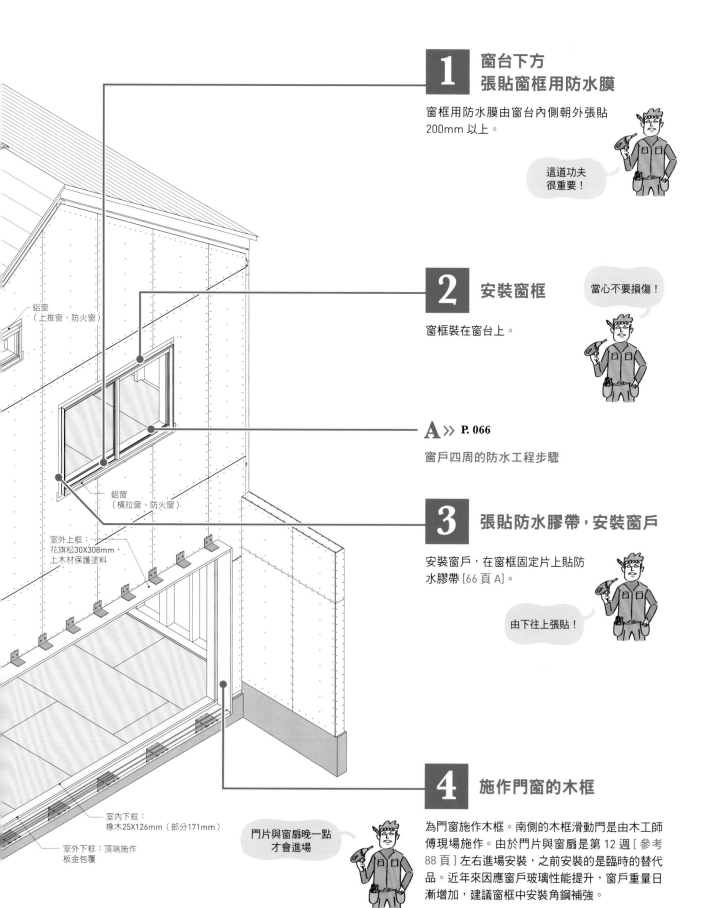

鋁窗
（上推窗、防火窗）

鋁窗
（橫拉窗、防火窗）

室外上框：
花旗松30X308mm
上木材保護塗料

室內下框：
橡木25X126mm（部分171mm）

室外下框：頂端施作
板金包覆

**1 窗台下方
張貼窗框用防水膜**

窗框用防水膜由窗台內側朝外張貼
200mm 以上。

這道功夫
很重要！

2 安裝窗框

當心不要損傷！

窗框裝在窗台上。

A ≫ P. 066

窗戶四周的防水工程步驟

3 張貼防水膠帶，安裝窗戶

安裝窗戶，在窗框固定片上貼防
水膠帶 [66 頁 A]。

由下往上張貼！

4 施作門窗的木框

門片與窗扇晚一點
才會進場

為門窗施作木框。南側的木框滑動門是由木工師
傅現場施作。由於門片與窗扇是第 12 週 [參考
88 頁] 左右進場安裝，之前安裝的是臨時的替代
品。近年來因應窗戶玻璃性能提升，窗戶重量日
漸增加，建議窗框中安裝角鋼補強。

安裝窗戶檢核表

A 窗戶四周的防水工程步驟

①張貼窗框用防水膜後，安裝窗框

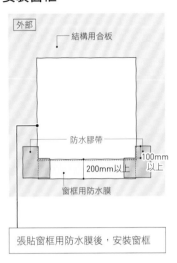

外部　　　結構用合板

防水膠帶

100mm以上

200mm以上

窗框用防水膜

張貼窗框用防水膜後，安裝窗框

窗框用防水膜由窗台室內處向外張貼約200mm。此時要確認窗戶內側也張貼了防水膜。從窗台下方沿側面基材朝上張貼約100mm，以防水膠帶緊密固定。

②安裝窗戶後在窗框固定片上張貼防水膜

外部　　窗戶　　結構用合板　　防水膠帶

窗框固定片

防水膠帶

窗框用防水膜

事前確認窗戶安裝在規劃的位置

防水膠帶包覆窗框固定片，由窗戶側面到窗戶上方，依由下往上順序張貼。

③張貼防水透氣膜

外部　　防水透氣膜　　結構用合板

防水膠帶

防水透氣膜　　窗框用防水膜

將窗戶下方的防水透氣膜插入窗框用防水膜下方，以防水流入

防水透氣膜緊貼窗戶側面與上方防水膠帶處。防水透氣膜由下往上張貼。

📷 現場檢查雨水排水設計的關鍵

本案例位於防火區，因此除了臨路處採用木製窗框，其他地方全部使用鋁和樹脂複合材質的防火窗框。

窗框從防水板上方連接。但之前防水片從窗台室內側向外至少懸垂200mm。

鋁製窗框的邊緣纏繞著防水膠帶，與外牆面材無縫貼合。

15

牆壁通氣與雨遮工程

住宅多半會安裝雨遮以避免日曬、保護門窗與便於小雨時開窗通風。雨遮與外牆防水也有關係，在施作外牆基材的階段時請確認安裝雨遮的方式吧！

細節決定眾人對於建築物的印象

本案例的雨遮分為2種：①彎折板金包覆木底板；②鋼板。筆者為了打造線條清爽的俐落設計，①的雨遮多半刻意不使用滴水條[70頁A]。沒有滴水條的雨遮因為也不能釘釘子，需要更為細膩複雜的板金技術。然而建築物整體因為介面整合細膩，散發筆直端正的氣息。①的雨遮必須事前確認鋼骨廠商的製造施工圖和介面整合。介面處施工不良會造成漏水，因此從外牆延伸至雨遮的防水透氣膜施工也是工程的關鍵。　　　　　　　　　　[關本]

現場相關人員

現場監工人員　　鋼骨廠商　　板金工人　　木工師傅

	第1個月				第2個月				第3個月				第4個月
周次	1	2	3	4	5	6	7	8	9	10	**11**	12	13

外牆通氣工程

第3～4個月
牆壁通氣與雨遮工程

1 張貼防水透氣膜

防水透氣膜由下往上依序以橫向張貼。上下搭接處為90mm以上，左右搭接處為150mm以上。搭接處以防水膠帶仔細貼合，妥善處理。鋁窗四周的施工重點[參考66頁]。

> 搭接處大小一定要符合規定！

> 本案例的牆內通風橫樑與屋頂的通風橫樑相連，空氣從屋頂頂端的通風屋脊排出。萬一漏水時也是透過這個通氣層往下排水[參考52頁]。

2 施作通風橫樑

為了確保連結外牆與屋頂的通氣層[參考52頁]，防水透氣膜上安裝約18X45mm的通風橫樑。

> 工時約4小時！

3 安裝木底板

24mm厚的結構用合板配合雨遮側面的尺寸切割，以450mm的間隔安裝。底板以螺絲釘斜向釘在橫樑上，固定在間柱上。同時安裝屋頂骨架與屋頂防水板（12mm厚的結構用合板）

> 作為骨架的木板以等距施作

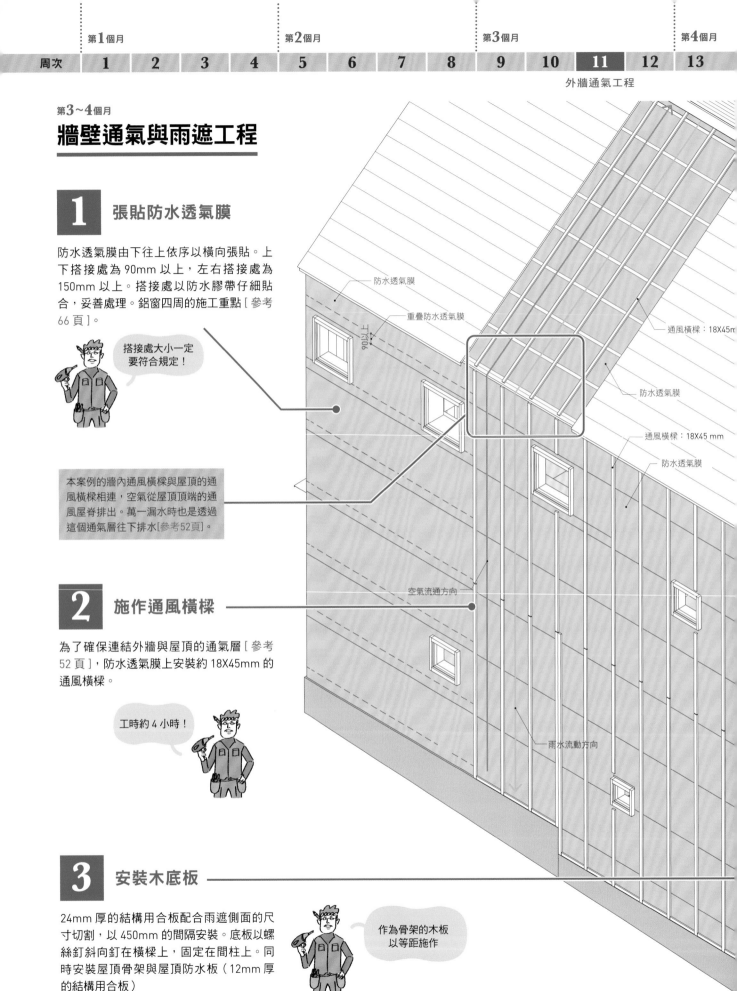

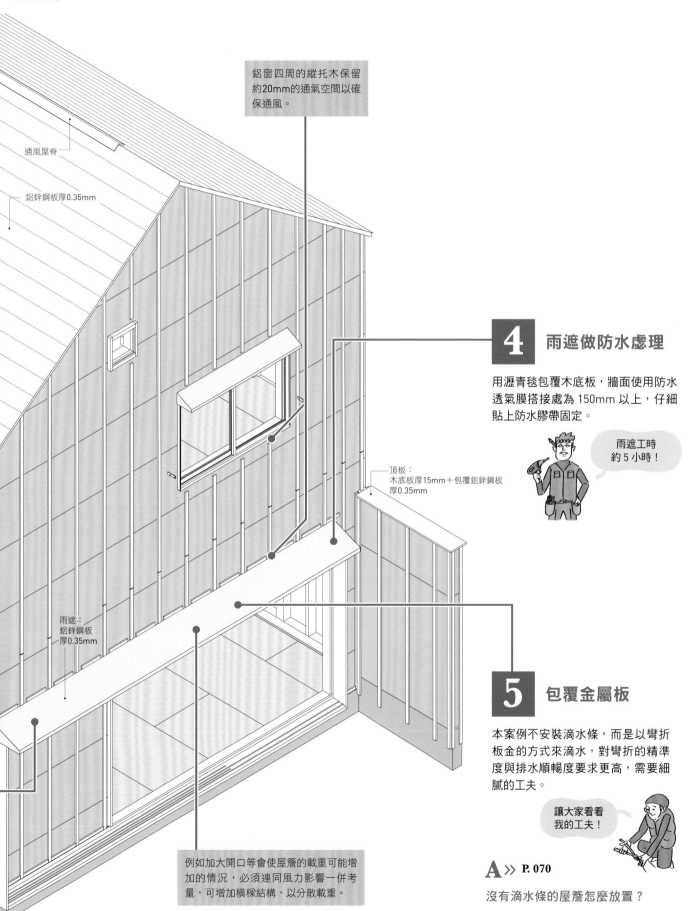

通風屋脊

鋁鋅鋼板厚0.35mm

鋁窗四周的縱托木保留約20mm的通氣空間以確保通風。

4 雨遮做防水處理

用瀝青毯包覆木底板,牆面使用防水透氣膜搭接處為 150mm 以上,仔細貼上防水膠帶固定。

雨遮工時約 5 小時!

頂板:
木底板厚15mm+包覆鋁鋅鋼板
厚0.35mm

雨遮:
鋁鋅鋼板
厚0.35mm

5 包覆金屬板

本案例不安裝滴水條,而是以彎折板金的方式來滴水,對彎折的精準度與排水順暢度要求更高,需要細膩的工夫。

讓大家看看我的工夫!

例如加大開口等會使屋簷的載重可能增加的情況,必須連同風力影響一併考量,可增加橫樑結構,以分散載重。

A ≫ P. 070

沒有滴水條的屋簷怎麼放置?

牆壁通氣與雨遮工程檢核表

 A ## 沒有滴水條的屋簷怎麼放置？

筆者習慣使用正面尺寸約50mm的板金雨遮。雨遮以板金彎折而成，不使用釘子固定。由於不施作滴水條，彎折陽角處的板金需要特殊細膩的技術。筆者一律委託老練的板金工人施作。施工之前務必提供過去施工的照片作為參考。因此造訪工地時必須攜帶平板電腦等可以當場瀏覽照片的工具。

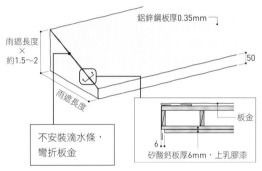

鋁鋅鋼板厚0.35mm

雨遮長度
×
約1.5～2

50

雨遮長度

不安裝滴水條，
彎折板金

板金

6

矽酸鈣板厚6mm，上乳膠漆

外觀的印象
取決於雨遮

南側決定外觀的主要印象，因此以木底板包覆板金彎折而成的雨遮形成俐落的線條。北側的雨遮（玄關大門上方等處）則是以鋼板為原料的金屬製品。　　[攝影：新澤一平]

[專欄6
COLUMN6]

外牆底端的收邊與設計

筆者家外牆底端比木地檻低，因此省略外牆底端的滴水工程。
不僅節省成本，外表美觀，還能預防水從木地檻下方的通氣墊滲入。

標準介面整合

通風橫樑延伸至木地檻下方，因為厚度9mm的結構用合板和基礎之間產生縫隙。縫隙處鋪上通氣墊，藉由縫隙處來通風。防蟲建材安裝於木地檻上方。

60 60 15
通風橫樑厚18mm
結構用合板厚9 mm

1FL
通氣金屬網＋
金屬網上塗砂漿，
厚15 mm，表面噴漆

木地檻
120×120
空氣
防蟲建材

下方橫托木

末端塑膠角條
空氣

通氣墊
90 60

剖面圖[S=1:20]

「小巷子裡的家」的介面整合

本案例「小巷子裡的家」的作法是增厚牆壁外側，因此外牆通風無法延伸至木地檻下方。但是外牆底端設定比木地檻下端還要低度，因此水可能會從此處滲入室內。所以灌漿時放入隔條，在基礎頂端保留部分空間以便施作通氣與止水工程。

120 47
60 60
通風橫樑厚18mm
結構用合板厚9mm

通氣金屬網＋
金屬網，塗砂漿，厚15mm
木地檻下方：鋪設防濕薄膜

1FL
防蟲金屬網
15 15
30
15
PL-315(15X30mm)/創建

60 90
150

剖面圖[S=1:20]

16

牆壁隔熱

牆壁隔熱工程分為三種，分別是在牆內填充隔熱材的「填充隔熱」、在牆面外側張貼隔熱材的「外部貼面」與雙方一同施作的「附加隔熱」。本節介紹填充隔熱的工法。

打造完整的氣密層

　　本案例的外牆採用在牆壁內側填充玻璃棉。玻璃棉價格實惠又性能優越。因為不易燃，適合用於木結構住宅。然而施工若不完備會導致內部結露，玻璃棉因而吸收水分下垂，大幅降低隔熱功能。為了避免玻璃棉遭到濕氣破壞，必須從室內側貼上防潮氣密膜，打造連續的氣密層[74頁A]。

　　以玻璃棉施作隔熱工程通常使用「袋裝品」。近年來筆者基於細節容易施工與成本等優點，改用不裝袋的玻璃棉，填充完畢後在其上方張貼防潮氣密膜。　　[關本]

現場相關人員

現場監工人員

隔熱材廠商

木工師傅

第1個月　第2個月　第3個月　第4個月

第3個月

牆壁隔熱

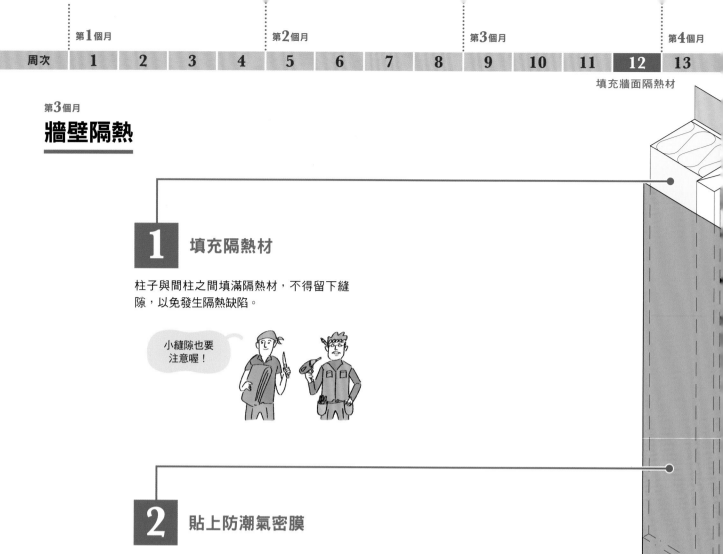

1 填充隔熱材

柱子與間柱之間填滿隔熱材，不得留下縫隙，以免發生隔熱缺陷。

小縫隙也要注意喔！

2 貼上防潮氣密膜

使用不裝袋的玻璃棉必須在其上方張貼防潮氣密膜以免玻璃棉吸收濕氣而降低隔熱性能。雖然使用噴塗絕緣材料（例如聚氨酯泡沫）時可以省略，但為了確保更好的隔熱性能，最好還是要安裝。

這樣會冬暖夏涼喔！

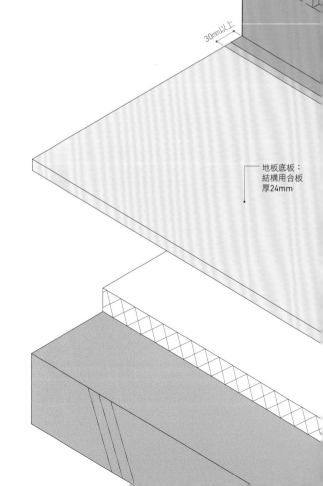

30mm以上

地板底板：
結構用合板
厚24mm

填充牆面隔熱材

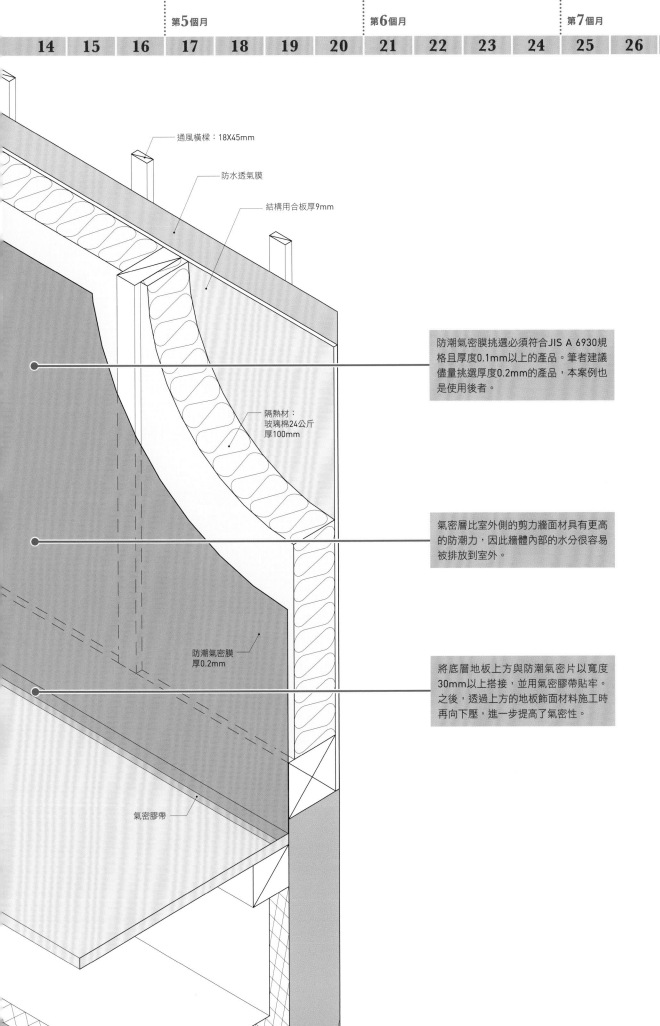

通風橫樑：18X45mm

防水透氣膜

結構用合板厚9mm

隔熱材：
玻璃棉24公斤
厚100mm

防潮氣密膜
厚0.2mm

氣密膠帶

防潮氣密膜挑選必須符合JIS A 6930規格且厚度0.1mm以上的產品。筆者建議儘量挑選厚度0.2mm的產品，本案例也是使用後者。

氣密層比室外側的剪力牆面材具有更高的防潮力，因此牆體內部的水分很容易被排放到室外。

將底層地板上方與防潮氣密片以寬度30mm以上搭接，並用氣密膠帶貼牢。之後，透過上方的地板飾面材料施工時再向下壓，進一步提高了氣密性。

牆壁隔熱工程檢核表

A　注意配電箱的位置

規劃氣密層時，配電箱往往是盲點。如果把配電箱規劃在面對外牆的牆面，大量的電力配線與配管會破壞氣密層，難以確保氣密功能。配電箱一定得規劃在靠近外牆處時，必須把牆增厚以免配管與配線破壞氣密膜。除此之外，還必須避開有防颱板收納箱的牆壁、客廳等顯眼處與手搆不到的地方。

筆者通常習慣把配電箱裝在有門的儲藏室。本案例由於沒有適合的空間，因此安裝在不顯眼的書房內，背對書桌。

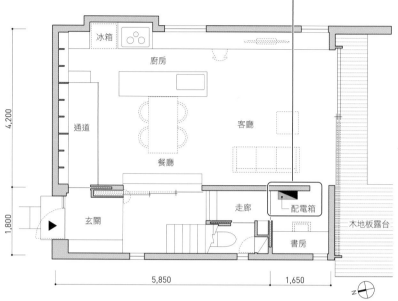

1樓平面圖[S=1:100]

有袋裝與無袋裝的玻璃棉

無袋裝的散裝玻璃棉填滿柱與間柱之間，再從其上方張貼防潮氣密膜。最理想的狀態是玻璃棉顯得十分飽滿。

使用有邊的袋裝玻璃棉基本上和無袋裝的玻璃棉施工方式相同（上方照片）。邊與邊搭接處寬度必須在30mm以上，並以釘槍固定在間柱上。

在窗台與窗楣樑等狹窄處填充袋裝隔熱材時，必須剪開袋裝玻璃棉與貼上防潮氣密膜。與其費兩次工，不如直接用無袋裝的散裝玻璃棉。

給排水與電力設備

隔熱工程之後，是給排水設備與電力設備等日常生活看不到的部分。施作時必須留意洩水坡度與管線路徑，兼顧設計與機能，以免交屋後發生客訴。

建築師監造時應當兼顧機能與設計

規劃給排水管時的注意事項，包括：洩水坡度是否符合規定、儘量避免轉彎，以及路徑是否有勉強之處。設計時往往為了外觀避免明管，結果設計出勉強的配管路徑。不合理的配管日後容易發生問題，提高交屋後仍需解決業主客訴的風險。因此規劃時必須參考現場設備廠商的意見，思考兼具設計與機能的解決方案[78頁A]。

電氣設備配線主要將集線盒連接到預定位置，例如插座與開關等。牆面支架也可以配線，但要留意與支架是否會衝突、規劃的位置是否會覺得奇怪，以及和柱子等基材會不會彼此干擾等等，實際造訪現場時也要再次確認。燈具等設備在圖面的高度及位置看起來很適當，但很難評估實際使用時，光源是否會直射眼睛或是影響動線，因此要實際進入工地，並預想燈具安裝後的情況，以再三仔細確認是否會造成問題，十分重要。

浴室的施作方式大致可分為三種：整體衛浴、半套衛浴與傳統工法。每種工法都各有其設計與機能的優缺點，依照設計、業主喜好與預算挑選[78頁B]。　　　[關本]

現場相關人員

現場監工人員

電類師傅

衛浴設備廠商

水類師傅

周次	1	2	3	4	5	6	7	8	9	10	11	12	13

第1個月　第2個月　第3個月　第4個月

外部配管、內部先行配管　　內部配管　　內部配線　　內部配管、內部配線

第2~4個月

給排水與電力設備

1 電力配線

確認配線路徑與位置，尤其必須留意支架等高度，往往是在安裝之後才發現兩者衝突。在配線位置預想燈具安裝後的情況，在現場再次確認安裝位置是否合適也是重要的工作。

仔細確認安裝的位置喔！

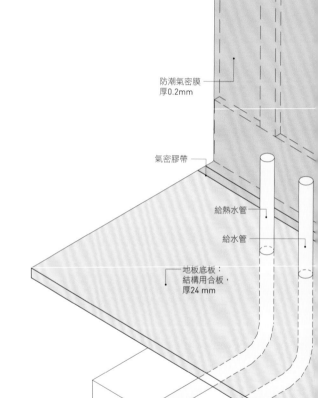

防潮氣密膜
厚0.2mm

氣密膠帶

給熱水管

給水管

地板底板：
結構用合板，
厚24 mm

2 給排水管的位置

確認洩水坡度與配管路徑，尤其是排水管經過寢室附近時容易引發業主客訴。因此規劃配管路徑時儘量避開寢室，或是在水管外包覆隔音外覆材。

排水管洩水坡度
需在 1/50 以上！

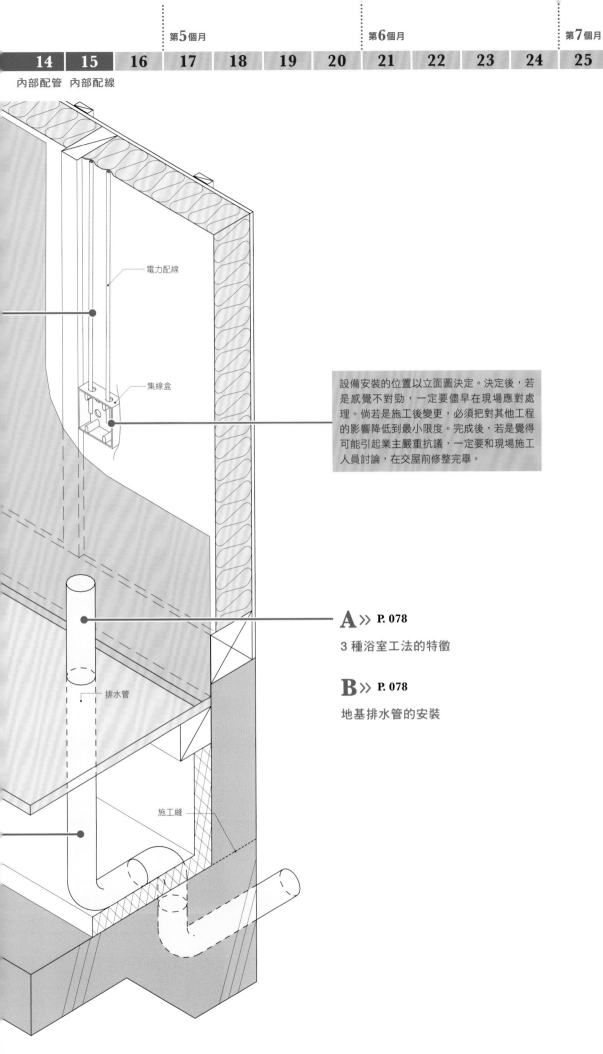

電力配線

集線盒

排水管

施工縫

設備安裝的位置以立面圖決定。決定後，若是感覺不對勁，一定要儘早在現場應對處理。倘若是施工後變更，必須把對其他工程的影響降低到最小限度。完成後，若是覺得可能引起業主嚴重抗議，一定要和現場施工人員討論，在交屋前修整完畢。

A ≫ P. 078

3 種浴室工法的特徵

B ≫ P. 078

地基排水管的安裝

給排水與電力設備檢核表

本案例是 2 樓浴室的
半套衛浴設備

A 3種浴室工法的特徵

本案例的浴室位於樓上，平面形狀又符合規格，因此採用半套衛浴設備。牆面上半部是用磁磚搭配木企口板，既方便維護，又能在此放鬆休息[參考120頁]。

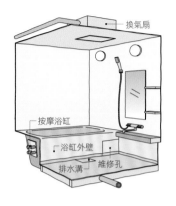

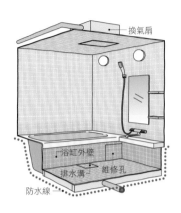

整體衛浴設備

整體衛浴施工最為方便、不易發霉、容易清理，最大的優點在於大幅降低漏水風險。因此，會優先考慮較高樓層的浴室規劃和維護，或是業主對浴室設計要求不高的情況下，採用這類的整體衛浴設計。缺點是尺寸受限、工業製品的印象強烈、缺乏溫暖。

半套衛浴設備

半套衛浴設備兼具整體衛浴的優點：方便施工、不易漏水，同時具備上半部牆面、門窗與水龍頭五金能自由選擇的優點。缺點也與整體衛浴相同：規格尺寸受限、地板與浴缸無法自由挑選。

傳統工法

只要掌握好防水，裝潢與尺寸等所有設計幾乎都能隨心所欲。適合以衛浴設計為優先考量，像是不喜歡安裝規格品或是想要打造內外融為一體的衛浴空間者。缺點是必須多費心在防水工程上，以及維修不易，因此需要事前須得業主理解。

B 地基排水管的安裝

若排水管必須外露的情況下，排水管必須規劃在比地基還要低的位置，以免進水！

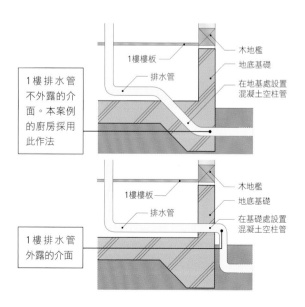

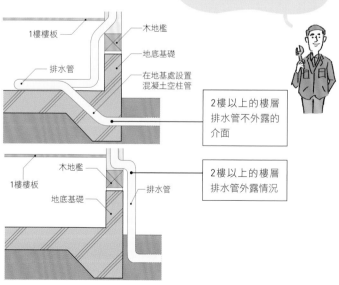

第4～5個月

外牆打底
工程

外牆打底工程連同砂漿的養護期間約莫2個半星期。打底有好幾種工法，了解每一種工法的優缺點，挑選適合案例的基材，方能完成完美打底。

完美施作，避免龜裂

外牆濕式打底有數種作法，例如使用木板條、金屬網或是以結構用合板取代金屬網的作法（取代金屬網的結構用合板為建材商野田公司的商品）等等[82頁A]。一般認為以木板條為基材不易龜裂，施工步驟較多且打底較厚，安裝鋁窗時必須多加注意。筆者喜歡採用金屬網作為基材且省略金屬網底板的工法，優點是提升施工效率、節省施工步驟、確保通氣路徑，又能減少打底厚度。

基材施作完畢後要塗上砂漿，分為底漆與面漆2步驟。施工步驟需要配合窗框填縫的時間。　　　　　　　　　　　[關本]

現場
相關人員

現場監工人員

隔熱材廠商

木工師傅

第3~4個月

外牆打底

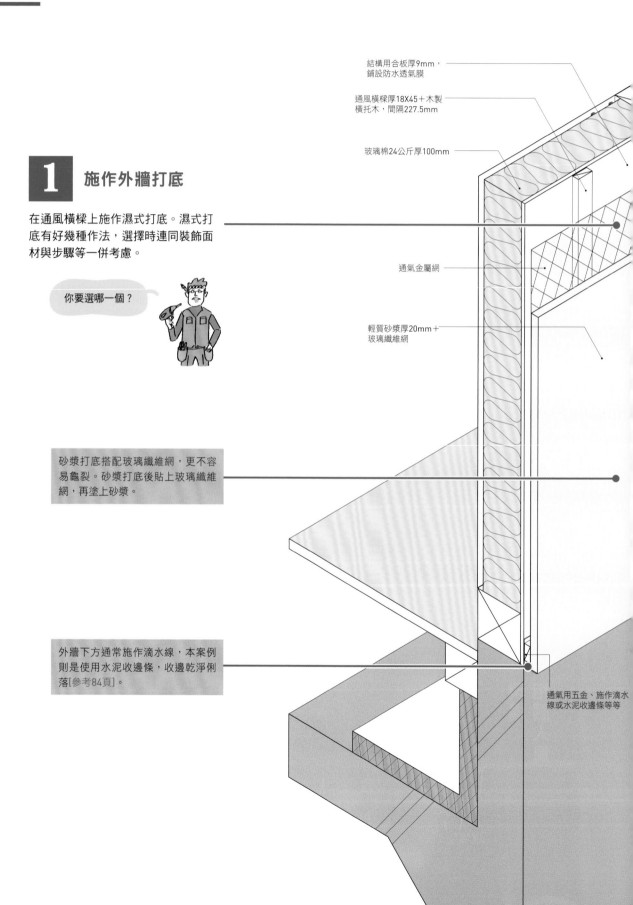

結構用合板厚9mm，
鋪設防水透氣膜

通風橫樑厚18X45＋木製
橫托木，間隔227.5mm

玻璃棉24公斤厚100mm

1 施作外牆打底

在通風橫樑上施作濕式打底。濕式打
底有好幾種作法，選擇時連同裝飾面
材與步驟等一併考慮。

你要選哪一個？

通氣金屬網

輕質砂漿厚20mm＋
玻璃纖維網

砂漿打底搭配玻璃纖維網，更不容
易龜裂。砂漿打底後貼上玻璃纖維
網，再塗上砂漿。

外牆下方通常施作滴水線，本案例
則是使用水泥收邊條，收邊乾淨俐
落[參考84頁]。

通氣用五金、施作滴水
線或水泥收邊條等等

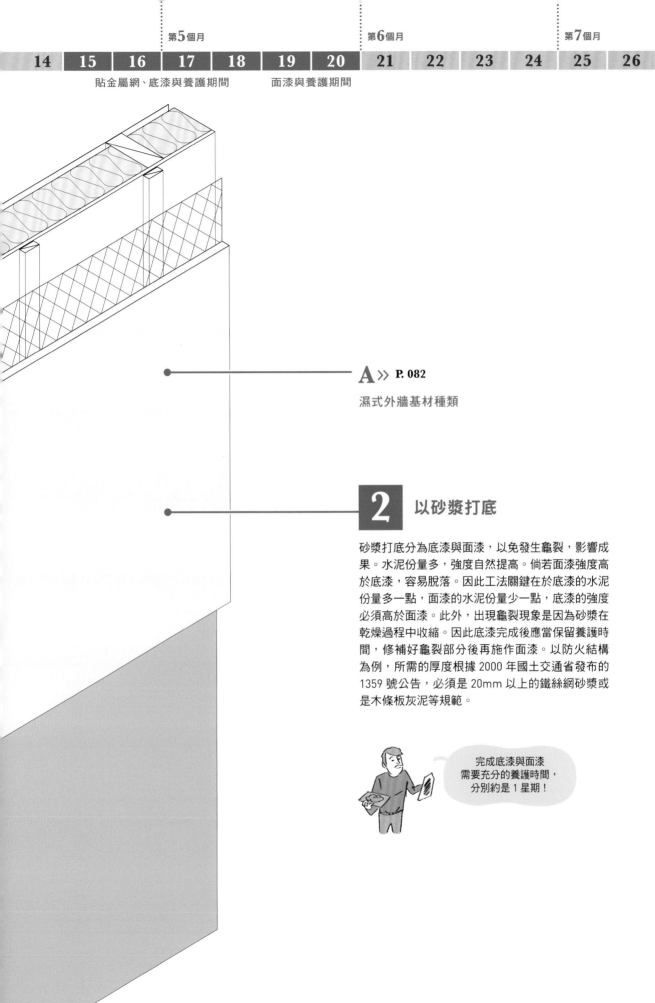

第5個月　第6個月　第7個月

| 14 | 15 | 16 | 17 | 18 | 19 | 20 | 21 | 22 | 23 | 24 | 25 | 26 |

貼金屬網、底漆與養護期間　　面漆與養護期間

A ≫ **P. 082**

濕式外牆基材種類

2 以砂漿打底

砂漿打底分為底漆與面漆，以免發生龜裂，影響成果。水泥份量多，強度自然提高。倘若面漆強度高於底漆，容易脫落。因此工法關鍵在於底漆的水泥份量多一點，面漆的水泥份量少一點，底漆的強度必須高於面漆。此外，出現龜裂現象是因為砂漿在乾燥過程中收縮。因此底漆完成後應當保留養護時間，修補好龜裂部分後再施作面漆。以防火結構為例，所需的厚度根據 2000 年國土交通省發布的 1359 號公告，必須是 20mm 以上的鐵絲網砂漿或是木條板灰泥等規範。

完成底漆與面漆
需要充分的養護時間，
分別約是 1 星期！

外牆打底工程檢核表

A 濕式外牆基材種類

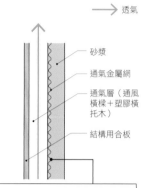
→ 透氣

①木板條

最常見的基材,通風橫樑的上方依序施作木板條、瀝青油毛氈與金屬網,再塗上砂漿。

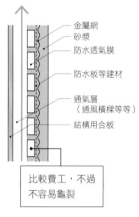

金屬網
砂漿
防水透氣膜
防水板等建材
通氣層(通風橫樑等等)
結構用合板

比較費工,不過不容易龜裂

②通氣金屬網

通風橫樑之間以227.5mm的間距加上塑膠橫托木(本案例為木製橫托木),上方張貼與防水紙合為一體的通氣金屬網,再塗上砂漿。

砂漿
通氣金屬網
通氣層(通風橫樑+塑膠橫托木)
結構用合板

這是改良過去的金屬網基材工法,把金屬網和防水紙合為一體,不需要再施作防水板。既能減少步驟又能確保透氣

③金屬網

使用②以外的金屬網基材之施作方式分為2種,一是在結構用合板上方包覆防水透氣膜,鋪上金屬網,再塗上砂漿(無通氣通道);另一是在通風橫樑上鋪設防水板等建材(有通氣通道)

砂漿
金屬網
防水透氣膜
結構用合板

省略通風橫樑,沒有通氣通道

無通氣通道

砂漿
金屬網
防水透氣膜
防水板等建材
通氣層(通風橫樑等等)
結構用合板

鋪設防水板等建材,確保通氣通道

有通氣通道

📷 砂漿面漆

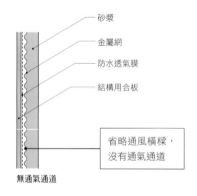
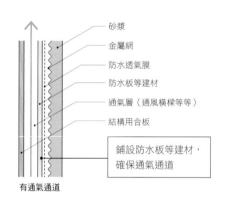

左:砂漿底漆完成的模樣。先塗底漆再施作窗框四周的填縫,最後施作面漆,便能完美遮掩填縫材。右:完成砂漿面漆的狀態

19

第5～6個月

外牆飾面工程

外牆飾面的濕式工法大致分為泥作與噴漆。筆者基於成本考量，經常選擇噴漆。本節以噴漆為主，說明外牆飾面工程。

講究細節

噴漆塗料的顏色委託塗料廠商事前製作顏色樣本，在上樑儀式等會遇到業主的時候再提供樣本。另外，即使是同一種塗料，還是可能出現色差，因此施工前也必須委託廠商製作樣本，再次確認顏色，以免完成後覺得與原本決定的顏色有異。

濕式工法最重要的莫過於收邊，尤其是外牆下方的收邊。筆者採用的作法是下方不做滴水線，使用水泥收邊條打造俐落的外觀[86頁A]。養護膠帶如何張貼也會影響外牆噴漆的成果[86頁B]。

板金的注意事項比噴漆來得更多，需要注意外牆轉角處與窗框四周的收邊等等。施工前必須和板金師傅仔細討論，確認所有細節。 [關本]

相關人員 現場

| 木工師傅 | 現場監工人員 | 板金工人 | 泥作工人 | 油漆工人 |

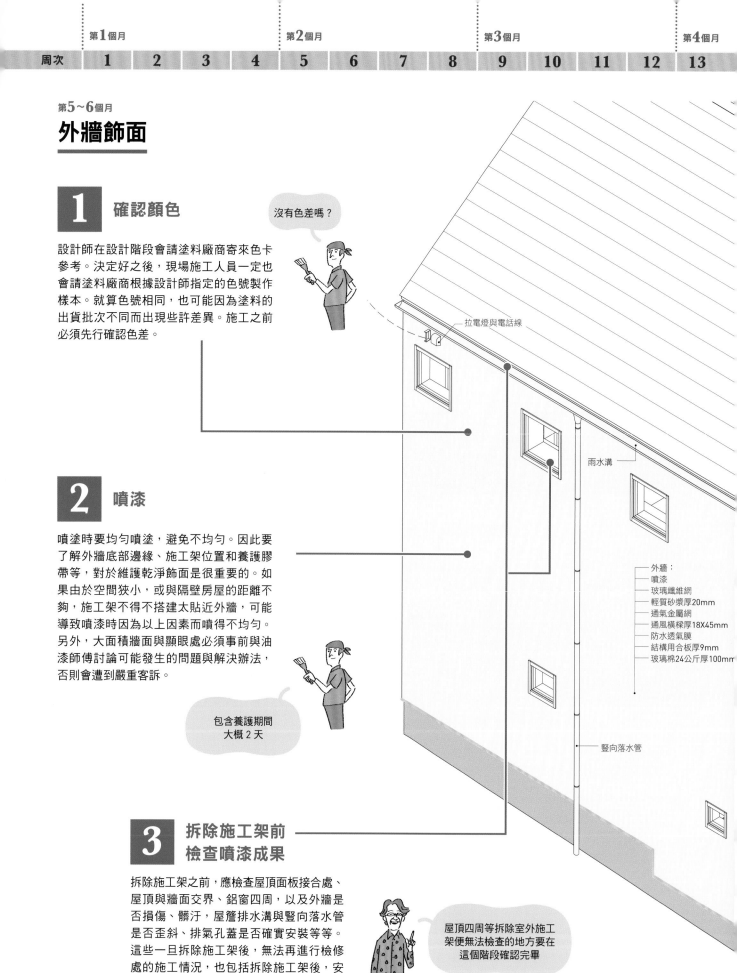

第5~6個月

外牆飾面

1 確認顏色

沒有色差嗎？

設計師在設計階段會請塗料廠商寄來色卡參考。決定好之後，現場施工人員一定也會請塗料廠商根據設計師指定的色號製作樣本。就算色號相同，也可能因為塗料的出貨批次不同而出現些許差異。施工之前必須先行確認色差。

拉電燈與電話線

雨水溝

外牆：
噴漆
玻璃纖維網
輕質砂漿厚20mm
通氣金屬網
通風橫樑厚18X45mm
防水透氣膜
結構用合板厚9mm
玻璃棉24公斤厚100mm

2 噴漆

噴塗時要均勻噴塗，避免不均勻。因此要了解外牆底部邊緣、施工架位置和養護膠帶等，對於維護乾淨飾面是很重要的。如果由於空間狹小，或與隔壁房屋的距離不夠，施工架不得不搭建太貼近外牆，可能導致噴漆時因為以上因素而噴得不均勻。另外，大面積牆面與顯眼處必須事前與油漆師傅討論可能發生的問題與解決辦法，否則會遭到嚴重客訴。

包含養護期間
大概 2 天

豎向落水管

3 拆除施工架前 檢查噴漆成果

拆除施工架之前，應檢查屋頂面板接合處、屋頂與牆面交界、鋁窗四周，以及外牆是否損傷、髒汙，屋簷排水溝與豎向落水管是否歪斜、排氣孔蓋是否確實安裝等等。這些一旦拆除施工架後，無法再進行檢修處的施工情況，也包括拆除施工架後，安裝裸露管道等設備的養護期。

屋頂四周等拆除室外施工架便無法檢查的地方要在這個階段確認完畢

		第5個月				第6個月				第7個月	
14	15	16	17	18	19	20	21	22	23	24	25	26

屋簷排水溝托架　外牆塗裝　拆除施工架

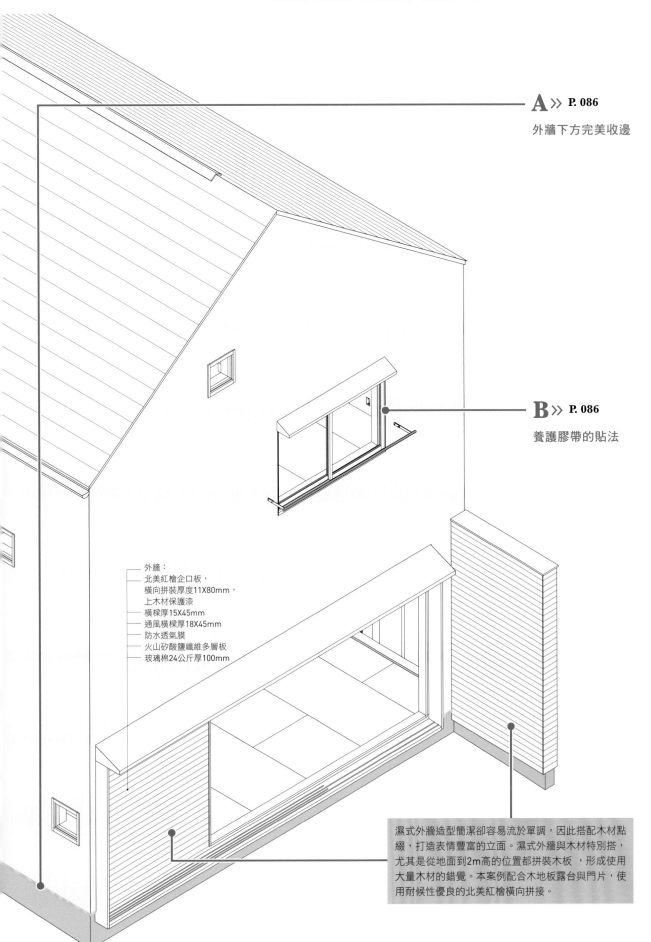

A ≫ P. 086

外牆下方完美收邊

B ≫ P. 086

養護膠帶的貼法

外牆：
北美紅檜企口板，
橫向拼裝厚度11X80mm，
上木材保護漆
橫樑厚15X45mm
通風橫樑厚18X45mm
防水透氣膜
火山矽酸鹽纖維多層板
玻璃棉24公斤厚100mm

濕式外牆造型簡潔卻容易流於單調，因此搭配木材點綴，打造表情豐富的立面。濕式外牆與木材特別搭，尤其是從地面到2m高的位置都拼裝木板，形成使用大量木材的錯覺。本案例配合木地板露台與門片，使用耐候性優良的北美紅檜橫向拼接。

外牆飾面檢核表

 A ## 外牆下方完美收邊

使用濕式工法的外牆下方以水泥收邊條收邊，不做滴水線，呈現俐落外觀。

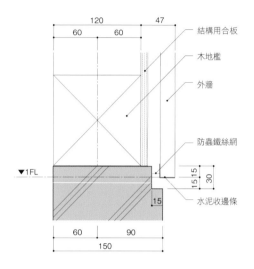

外牆下方收邊[S=1:5]

右側標註：
- 結構用合板
- 木地檻
- 外牆
- 防蟲鐵絲網
- 水泥收邊條

尺寸標註：120、47、60、60、1FL、15、15、30、15、60、90、150

B ## 養護膠帶的貼法

鋁窗四周、外牆與板金交界處必須小心貼上養護膠帶，避免噴漆汙染。油漆師傅經常只在外牆正面看得到的範圍張貼養護膠帶。但是陰角等處最好也貼進去，施工成果方才完美。

窗框四周貼上養護膠帶保護

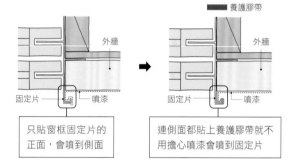

養護膠帶

左圖標註：外牆、固定片、噴漆
右圖標註：外牆、固定片、噴漆

只貼窗框固定片的正面，會噴到側面

連側面都貼上養護膠帶就不用擔心噴漆會噴到固定片

 ## 噴漆搭配木材

南側正面照片。外牆整體選擇白色噴漆，部分的飾面使用木材，讓建築物、木地板露台與外牆因而顯得十分協調。　　　　　　　　　　[攝影：新澤一平]

20

第3個月

地板面板
工程

地板鋪設面板的時間會根據面板種類而有所不同。木地板多半是在屋頂、外牆基材與內部基材施工完畢後，立刻進場施作；施工關鍵在於從何處開始鋪設。

木地板的關鍵在於
開始鋪設的位置

　　鋪設木地板之前和師傅一起確認施作的起點[90頁A]。木地板除了依照木作家具決定有效寬度[※]的情況之外，還必須配合設計規劃柔軟對應，例如房間入口處儘量使用整片完整的板材。

　　採用一般市售產品時，必須選擇是要採用短邊的拼接位置和隔壁錯開的「對花拼法」，或是隨意拼貼的「亂紋拼法」[90頁B]。後者損失的材料較少，但是前者較為美觀。本案例因為追求設計之美，故選擇前者。　　　　　　　　　　　　[關本]

現場相關人員

現場監工人員　　木工師傅

※ 除了拼裝時的搭接寬度之外，實際可以使用的寬度

	第1個月				第2個月				第3個月			第4個月	
周次	1	2	3	4	5	6	7	8	9	10	11	**12**	13

鋪設地板

第3個月
地板面板工程

1 指示鋪設的起點

1 樓的地板是從客廳與餐廳出入口的牆面（以本圖來說為前方）開始鋪設。這是為了避免一走進房間便看到裁切後的木地板，留下壞印象。規劃木地板分割時，牆面與地面交界處等顯眼的地方也儘量不要安排裁切後的零星木板。家具與吧檯下方較不顯眼，通常是以這些位置來調整分割。

要拼得漂亮喔！

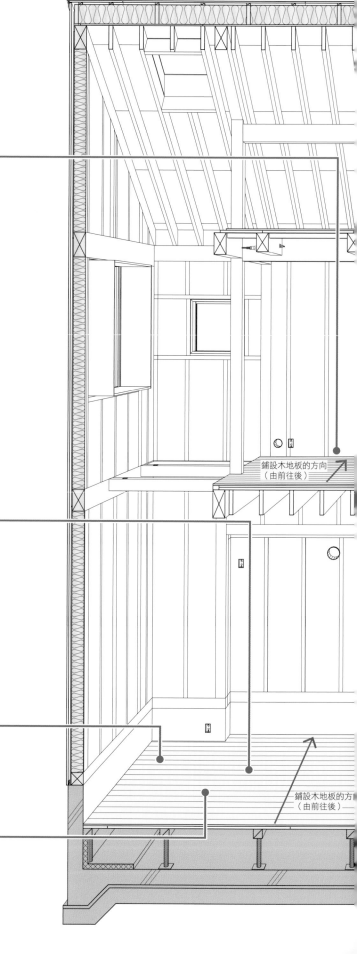

鋪設木地板的方向（由前往後）

2 鋪設木地板

工期依地板的拼裝方式而有所不同，通常約莫是 3 天。如果鋪設地板的空間出現樓梯等已經固定在地板上的部分，必須事前規劃木地板在這些地方該如何分割。

交給我！

B » **P. 090**

樓梯附近的拼貼方式

鋪設木地板的方向（由前往後）

木地板進場後，應當馬上開箱進行目視檢查。畢竟偶爾還是會發生進場建材與訂單有所出入的情況。建築師不會隨時在工地待命，可能下一次造訪時，發現地板已經施作完畢，進入養護階段。為了避免竣工前夕才發現難以挽回的情況，必須時常檢查以防患未然。

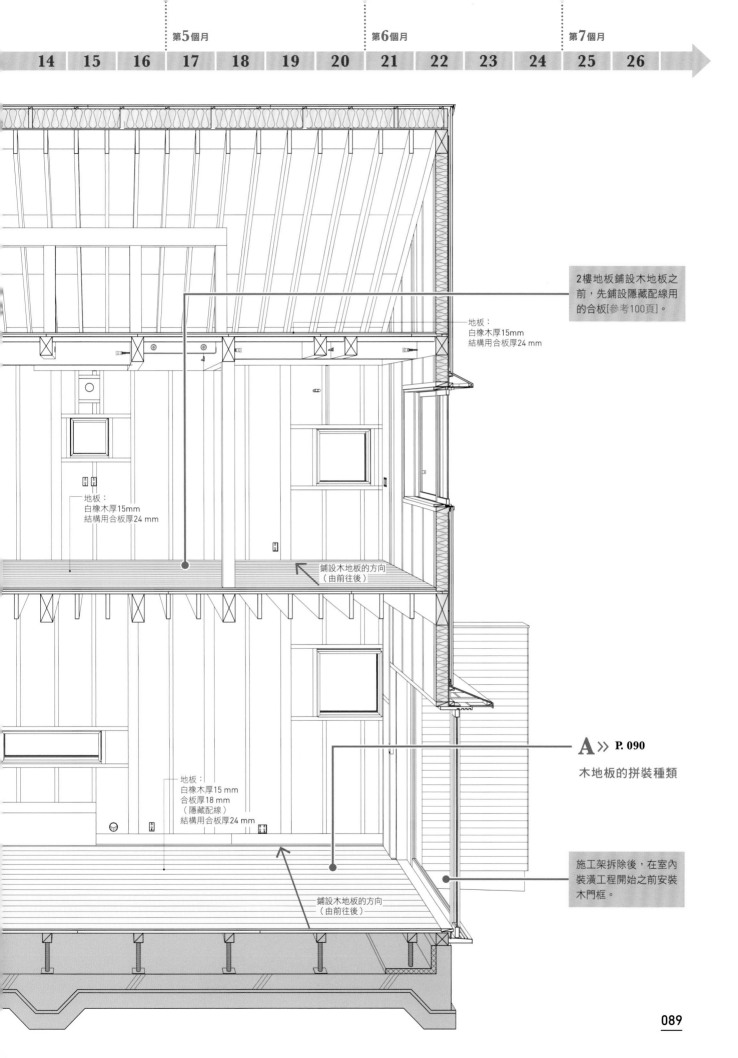

2樓地板鋪設木地板之前，先鋪設隱藏配線用的合板[參考100頁]。

地板：
白橡木厚15mm
結構用合板厚24 mm

地板：
白橡木厚15mm
結構用合板厚24 mm

鋪設木地板的方向
（由前往後）

地板：
白橡木厚15 mm
合板厚18 mm
（隱藏配線）
結構用合板厚24 mm

鋪設木地板的方向
（由前往後）

A ≫ **P. 090**

木地板的拼裝種類

施工架拆除後，在室內裝潢工程開始之前安裝木門框。

地板面板檢核表

 A ## 木地板的拼貼種類

即便使用相同的地板材，地板也會因為拼貼方式有異而呈現不同的氣氛，例如照片中呈現的對花拼貼（左）與亂紋拼貼（右）。筆者認為一般的市售產品適合使用對花拼貼法，多片木板縱向拼接成一片地板材的「United joint」產品則兩者適用。

對花拼貼：短向拼接的位置是隔一行對齊。

亂紋拼貼：短向拼貼的位置隨興安排。使用「United joint」的地板材也是如此。

 B ## 樓梯附近的拼貼方式

樓梯的縱桁骨架是在鋪設地板面板之前安裝，因此木地板配合縱桁的拼貼方式分為右側2種：

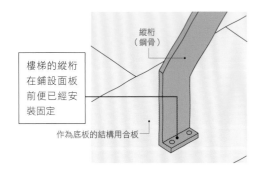

樓梯的縱桁在鋪設面板前便已經安裝固定

縱桁（鋼骨）

作為底板的結構用合板

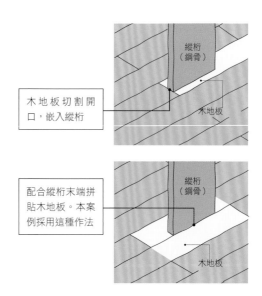

木地板切割開口，嵌入縱桁

縱桁（鋼骨）

木地板

配合縱桁末端拼貼木地板。本案例採用這種作法

縱桁（鋼骨）

木地板

在圖面上標示
拼貼地板的起點

照片中是1樓客廳、餐廳與樓梯。木地板是從照片中央的牆壁開始拼貼。

[攝影：新澤一平]

樓梯

樓梯的施工期間與地板面板幾乎重疊。踏板多半是委託機械預切工廠加工後再進場,所以需要對照施工圖,確認尺寸與介面的整合方式。

兼顧設計與強度

確認樓梯施工圖時,重點在於起踏位置、踢面高度與各處的介面整合。如果是用修邊機加工止滑溝,也要一併確認止滑溝的尺寸。

本案例的樓梯一部分使用9X125mm的扁鐵作為縱桁。鋼骨結構不僅能打造更俐落輕薄的樓梯,還能成為空間的點綴。安裝前必須確認施工步驟,確保末端能確實隱藏不外露。[參考92頁]另外雖然案例不多,不過有時考量鋼骨重量,必須設計混凝土底座(在基礎灌漿前規劃)。由於施作樓梯也需要時間,需要事先計畫。

螺旋樓梯的踏板有些部分會形成銳角,介面處必須多留空間來固定以確保強度。監造的重要工作之一便是和木工師傅確認銳角處用來固定的面積是否足夠[94頁C]。

[關本]

相關人員 現場

現場監工人員　　木工師傅

周次	1	2	3	4	5	6	7	8	9	10	11	12	13

第1個月　　　　　　第2個月　　　　　　第3個月　　　　　　第4個月

樓梯鋼骨進場與安裝　安裝樓梯

第3個月
樓梯

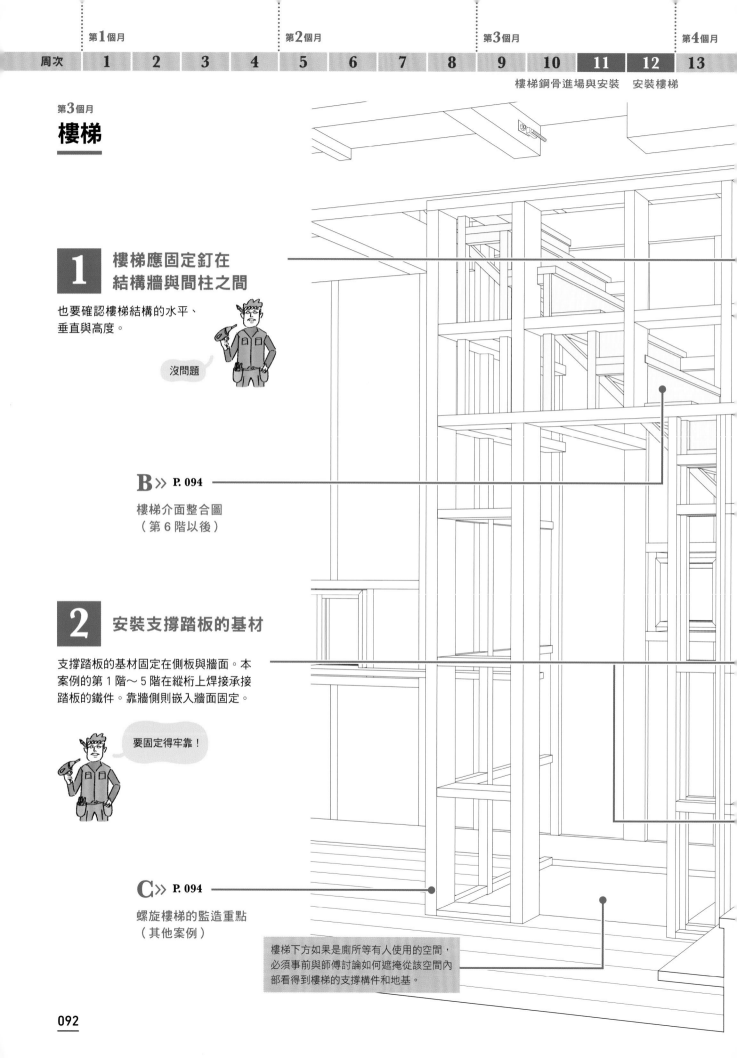

1 樓梯應固定釘在結構牆與間柱之間

也要確認樓梯結構的水平、垂直與高度。

沒問題

B » P. 094

樓梯介面整合圖
（第6階以後）

2 安裝支撐踏板的基材

支撐踏板的基材固定在側板與牆面。本案例的第1階～5階在縱桁上焊接承接踏板的鐵件。靠牆側則嵌入牆面固定。

要固定得牢靠！

C » P. 094

螺旋樓梯的監造重點
（其他案例）

樓梯下方如果是廁所等有人使用的空間，必須事前與師傅討論如何遮掩從該空間內部看得到樓梯的支撐構件和地基。

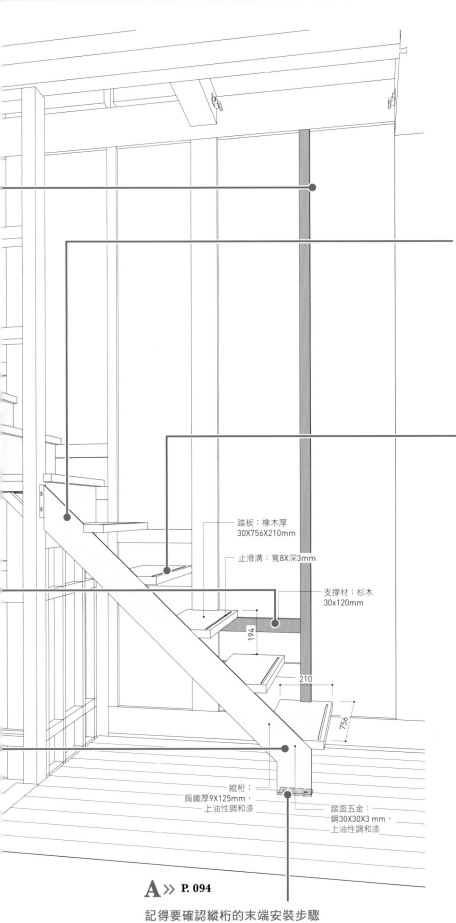

踏板：橡木厚
30X756X210mm

止滑溝：寬8X深3mm

支撐材：杉木
30x120mm

194

210

756

縱桁：
扁鐵厚9X125mm，
上油性調和漆

踏面五金：
鋼30X30X3 mm，
上油性調和漆

A ≫ **P. 094**

記得要確認縱桁的末端安裝步驟

3 安裝樓梯的縱桁骨架

本案例第 1～5 階靠走廊側的縱桁採用鋼骨，末端則隱藏在木地板下方。因此安裝縱桁的工程必須在木地板施工 [參考 88 頁] 前完成，方能遮蔽。

要確認基材補強與
末端的介面整合喔

4 由下往上安裝踏板

以螺絲固定踏板在樓梯的支撐材上。踏板與柱子或間柱衝突處施作小切口槽，嵌入柱子與間柱。踏板的下一步是踢板。兩者安裝順序都是由下往上。但是筆者使用鋼骨縱桁時多半設計為透空樓梯。本案例也是鋼骨縱桁的第 1～5 階省略踢板。

要確認支撐
的強度！

5 安裝扶手底座

在柱子與間柱之間安裝扶手底座後安裝牆面基材（石膏板）。扶手多半是在整體工程的最後階段安裝。塗裝的時機與室內門窗框相同。

樓梯 1 天就
安裝好了！

樓梯檢核表

 A 記得要確認縱桁的末端安裝步驟

縱桁必須在鋪設木地板[參考88頁]之前施作,方能遮掩末端部位。安裝的施工步驟需要事前確認。

 B 樓梯介面整合圖（第6階之後）

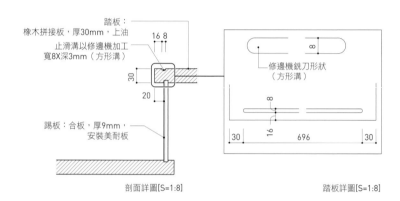

踏板：
橡木拼接板,厚30mm,上油
止滑溝以修邊機加工
寬8X深3mm（方形溝）

16 8

30
20

修邊機銑刀形狀
（方形溝）

8

踢板：合板,厚9mm,
安裝美耐板

8
16 696 30
30

剖面詳圖[S=1:8]　　　　　　　　　　　踏板詳圖[S=1:8]

C 螺旋樓梯的監造重點（其他案例）

本案例是直行樓梯,不過施作螺旋樓梯時為了確保強度,必須仔細確認踏板銳角處的介面整合與固定處的面積是否足夠（照片為其他案例）。

樓梯到第5階
是鋼骨＋木作

1樓樓梯的一部分。第1～5階的縱桁採用鋼骨,做成透空樓梯。

22

第4～5個月

內部木框與
踢腳板

內部木框是在安裝隔間牆時一併施作。踢腳板的工期會因為形狀而有所不同。較為突出牆面的厚踢腳板在施作隔間牆時安裝，較薄的踢腳板則是在安裝石膏板之後再施作。

木框與踢腳板
根據相同的規範施作

　　門窗的木框標準是近看時所有介面都緊密結合，天衣無縫；遠看則是隱藏了所有該隱藏的部分，自然融入空間[98頁AB]。但是規劃過於複雜的介面整合容易在使用多年後發生問題，不可不慎。

　　工地容易因為介面整合而陷入混亂，因此最好事前決定窗框四周與牆面的高低差、正面寬度，以及門窗框轉角處的銜接方式等項目的共通規範[98頁C]。

　　踢腳板的目的除了保護牆面底端之外，還能調整牆面面板與地板的介面。踢腳板與石膏板的整合介面，一般是石膏板裝在踢腳板的上方，不過也有部分案例是將石膏板延伸到地板，把薄的踢腳板貼在石膏板上。前者不易產生縫隙，強度較高；後者施工便利，節省成本。筆者視情況選擇施作方式[98頁B]。　　　　　　　[關本]

現場相關人員

現場監工人員　　木工師傅

周次	第1個月				第2個月			第3個月				第4個月
	1	2	3	4	5	6	7	8	9	10	11	12	13

木框加工與安裝

第4~5個月

內部木框與踢腳板

1 組裝懸吊牆面的基材

工序為①在附近的樑、格柵、結構用合板、柱子與間柱上放樣懸吊牆的位置與高度；② 30X30 的吊木以 303mm 的間隔，用螺絲固定在樑與格柵上；③吊木下方安裝支撐材，以螺絲固定。

> 內部木框的施工時間約莫是：木框加工1天、安裝與調整1天、安裝踢腳板1天

2 組立隔間牆

工序為①在附近的樑、地格柵、結構用合板、柱子與間柱上放樣隔間牆的位置；② 30X120 的間柱支撐材上下以螺絲固定；30X120 的間柱以455mm 的間隔，用螺絲固定；③上下安裝石膏板者，30X120 mm 的橫托木在間柱之間以螺絲橫向釘上，間距為 610mm。

> 門窗的木框是這時候安裝喔

C ≫ P. 098

門擋固定在柱子上

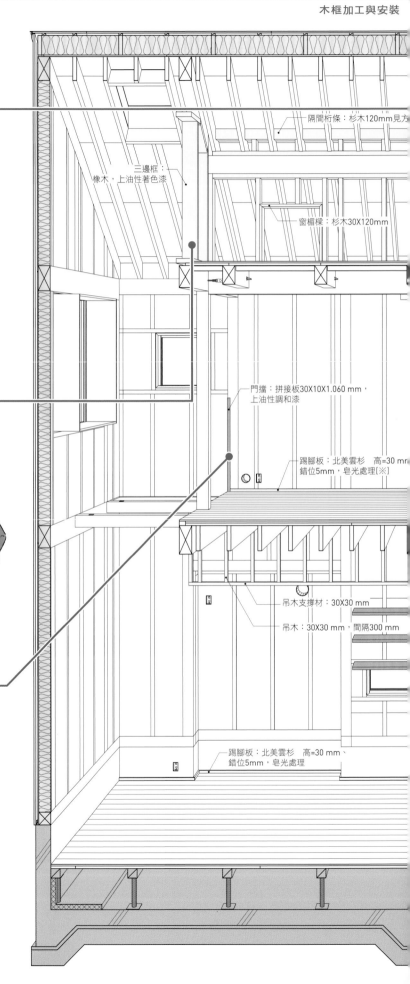

隔間桁條：杉木120mm見方

三邊框：橡木，上油性著色漆

窗楣樑：杉木30X120mm

門擋：拼接板30X10X1.060 mm，上油性調和漆

踢腳板：北美雲杉　高=30 mm、錯位5mm，皂光處理[※]

吊木支撐材：30X30 mm

吊木：30X30 mm，間隔300 mm

踢腳板：北美雲杉　高=30 mm、錯位5mm，皂光處理

※ 一種用肥皂水保護木製家具的塗層

14	15	**16**	**17**	18	19	20	21	22	23	24	25	26

第5個月　　　　　　　　第6個月　　　　　　　　第7個月

木作隔間牆與安裝踢腳板

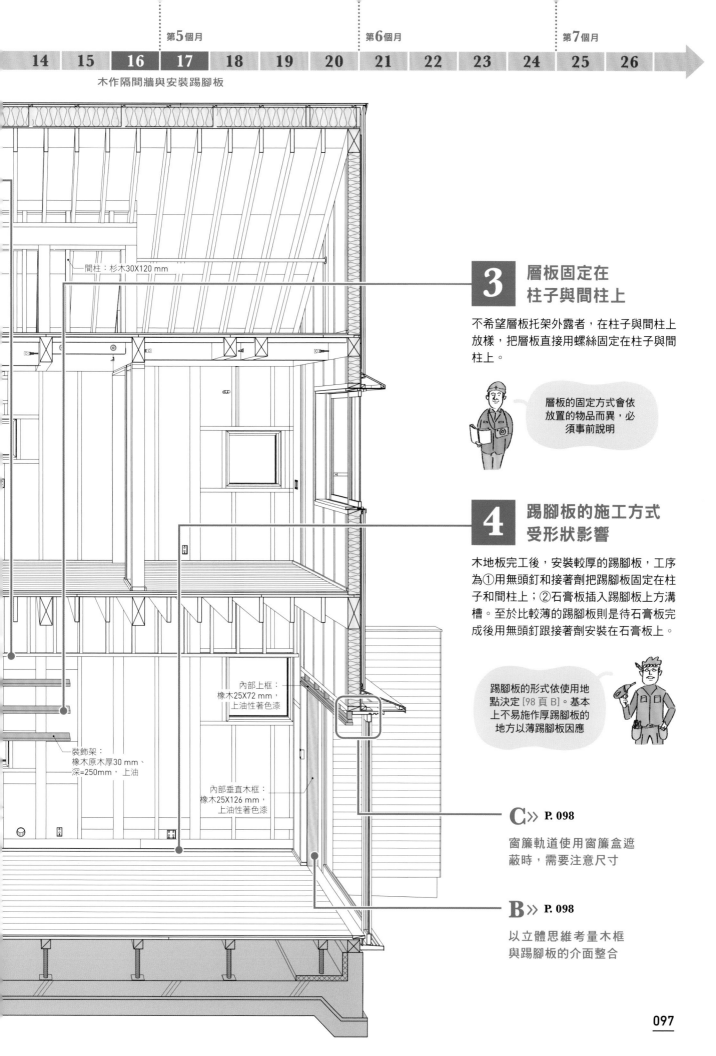

間柱：杉木30X120 mm

3 層板固定在
柱子與間柱上

不希望層板托架外露者，在柱子與間柱上
放樣，把層板直接用螺絲固定在柱子與間
柱上。

層板的固定方式會依
放置的物品而異，必
須事前說明

4 踢腳板的施工方式
受形狀影響

木地板完工後，安裝較厚的踢腳板，工序
為①用無頭釘和接著劑把踢腳板固定在柱
子和間柱上；②石膏板插入踢腳板上方溝
槽。至於比較薄的踢腳板則是待石膏板完
成後用無頭釘跟接著劑安裝在石膏板上。

踢腳板的形式依使用地
點決定 [98 頁 B]。基本
上不易施作厚踢腳板的
地方以薄踢腳板因應

內部上框：
橡木25X72 mm，
上油性著色漆

裝飾架：
橡木原木厚30 mm、
深=250mm，上油

內部垂直木框：
橡木25X126 mm，
上油性著色漆

C》 P. 098

窗簾軌道使用窗簾盒遮
蔽時，需要注意尺寸

B》 P. 098

以立體思維考量木框
與踢腳板的介面整合

內部木框與踢腳板檢核表

A 窗簾軌道使用窗簾盒遮蔽時，需要注意尺寸

捲簾、百葉窗或是窗簾的軌道使用窗簾盒遮蔽時，窗簾盒的尺寸依種類不同而異。因此必須事前決定要使用哪一種窗簾。

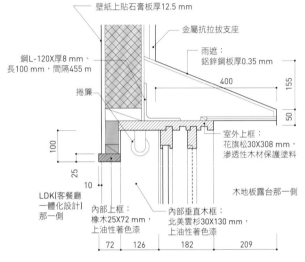

壁紙上貴石膏板厚12.5 mm

金屬抗拉拔支座

雨遮：
鋁鋅鋼板厚0.35 mm

鋼L-120X厚8 mm、
長100 mm，間隔455 m

捲簾

400

155

50

室外上框：
花旗松30X308 mm，
滲透性木材保護塗料

100

25

10

LDK(客餐廳
一體化設計)
那一側

內部上框：
橡木25X72 mm，
上油性著色漆

內部垂直木框：
北美雲杉30X130 mm，
上油性著色漆

木地板露台那一側

72   126   182   209

捲簾的窗簾盒四周剖面詳圖[S=1:12]

C 門擋固定在柱子上

可動式半腰壁板是安裝石膏板之後施作。門擋安裝在牆壁側，會對門擋施加相當的壓力，所以要在安裝石膏板之前以螺絲固定。門擋與踢腳板採用相同寬度與厚度，打造俐落的外觀。

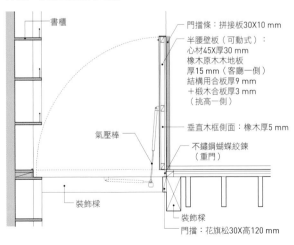

書櫃

門擋條：拼接板30X10 mm

半腰壁板（可動式）：
心材45X厚30 mm
橡木原木木地板
厚15 mm（客廳一側）
結構用合板厚9 mm
＋椴木合板厚3 mm
（挑高一側）

氣壓棒

垂直木框側面：橡木厚5 mm

不鏽鋼蝴蝶絞鍊
（重門）

裝飾樑

裝飾樑

門擋：花旗松30X高120 mm

門擋四周剖面圖[S=1:30]

B 以立體思維考量木框與踢腳板的介面整合

木框與壁紙牆側面的介面採用室內露出部分牆面的方式，視覺效果較為俐落。這種介面的踢腳板會一路延伸到木框。露出的側面牆面不方便施作比較厚的踢腳板，建議改為使用薄的踢腳板。

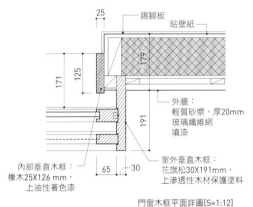

25   踢腳板   貼壁紙

179

171   125

外牆：
輕質砂漿，厚20mm
玻璃纖維網
噴漆

191

內部垂直木框：
橡木25X126 mm，
上油性著色漆

65   30

室外垂直木框：
花旗松30X191mm，
上滲透性木材保護塗料

門窗木框平面詳圖[S=1:12]

側面介面選擇露出內側壁紙牆的方式

南側落地窗的木框和壁紙牆側面的介面採用室內露出部分牆面的方式，視覺效果較為俐落。

合板天花需要繪製大樣圖

天花板若採用石膏板材，最後會批土填補縫隙，形成平滑的表面，所以不需要附上天花板大樣圖註明板材分配。但是使用椴木合板等合板組裝的天花板因為看得見接縫，建築師需要提出天花板大樣圖，以供現場施工人員配合大樣圖施作。建築師繪製大樣圖時應事先考量各類合板的規格，提出適當的拼貼樣式，施工人員方能配合分割圖組裝主架。除此之外，燈具和換氣扇等設備的配置計畫也需要考量天花板接縫處的主架[102頁B]。

想要保留足夠的室內高度，關鍵在於天花板內部能控制到多低。這正是考驗建築師功力的時刻。倘若空間內有大樑，一般都會想把天花板高度設定在貼近大樑的位置。但是間距只剩1片石膏板的厚度（9.5mm左右）會大幅提高施工難度。倘若樑底到天花板保留50mm左右的空間，勉強還能施作。隱藏在天花板裡的冷媒管、換氣扇的風管與上一層樓的管線等等是否能穿過樑與支撐材之間需要事前確認，避免實際施作時必須大幅變更。[關本]

天花板骨架

天花板骨架的工法分為2種：一是副架以垂直交叉方式釘在主架下方；另一是主架和副架在同一水平高度，以「井」字格柵工法呈現。後者可以保留更多室內高度，但是施作較為費工。

現場相關人員

現場監工人員　　木工師傅

第4個月
天花板骨架

1 標示天花骨架的高度

在天花板四周牆面的柱子與間柱上標明天花骨架的高度。

天花骨架是用來固定石膏板或是合板等天花板面材基材

2 在柱和間柱裝上天花主架邊緣大木框

用釘子將固定天花板骨架的大木框安裝在柱子與間柱上。天花板骨架及邊緣外框通常使用剖面大小約 30X40mm 的角材。

天花板骨架最外圈與牆面連結的叫「骨架木框」。天花板骨架的工期通常是 2 天。

3 安裝吊木

吊木的間距為 910mm。如果沒有樑等結構可以用來固定吊木時,則會透過上層樓地板的結構用合板來安裝吊木的角料。吊木和吊木角料通常是採用剖面大小約 30X40mm 的角材。

本案例是以螺絲把吊木固定在樑上

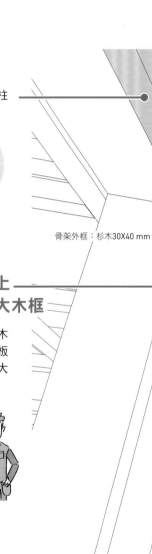

主架:杉木30X40mm

吊木角料:60X45mm

吊木:杉木30X40 mm

骨架外框:杉木30X40 mm

副架:杉木30X40 mm

A >> P. 102

天花採用結構外露的設計,管線規劃從上層樓板經過

B >> P. 102

天花板裡有足夠空間的作法

施作吊木和天花板主架

4 設置天花主架及副架形成骨架

當天花板內沒有多餘空間，又必須確保室內有足夠的高度，適合採用主架和副架位於同一水平的井字格柵工法。工序是①將天花副架打釘固定在牆邊的天花骨架木框上，兩者位於同一水平。每根天花副架的間距是 910mm。②將天花主架以垂直交叉方式打釘固定在副架上，兩者位於同一水平。固定間距為 455mm。至於天花板內側有多餘空間者，則可將天花主架施作於副架下方，與其垂直交叉。前者的作法比較費工，建議視情況選擇工法。

井字格柵工法又分為 2 種：一是在副主架中間施作切口槽來搭接；另一是在天花副架之間安裝主架，打釘固定。

5 把吊木固定在主架上

調整天花板高度的同時，把❸的吊木固定在❹的主架上。天花板中間的主架高度調高 10mm，打釘固定吊木，好讓天花板看起來平整。

記得確認天花板的高度！

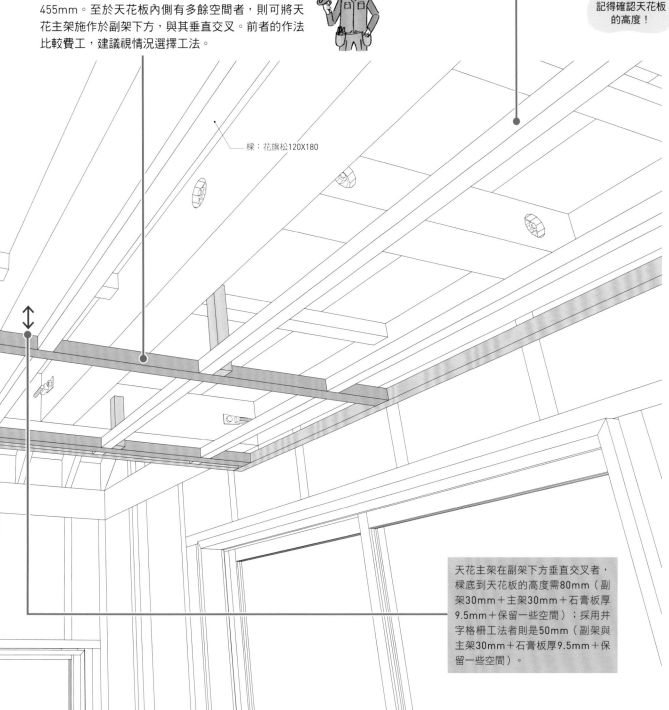

樑：花旗松120X180

天花主架在副架下方垂直交叉者，樑底到天花板的高度需80mm（副架30mm＋主架30mm＋石膏板厚9.5mm＋保留一些空間）；採用井字格柵工法者則是50mm（副架與主架30mm＋石膏板厚9.5mm＋保留一些空間）。

天花板骨架檢核表

A 天花板結構外露者，管線安裝在上一層樓

除了管線，燈具的電線也是安裝在天花板內側。由於結構外露的天花板一抬頭就能看見管線，因此在上一層樓的樓板下方貼上合板，把管線安裝在合板之間 [參考88頁]。在樓板底板穿孔來安裝燈具，便能遮擋線材，視覺上俐落清爽。

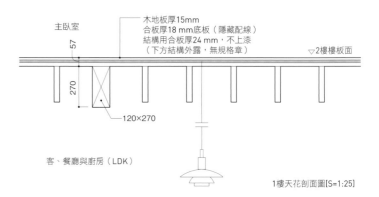

主臥室
木地板厚15mm
合板厚18 mm底板（隱藏配線）
結構用合板厚24 mm，不上漆
（下方結構外露，無規格章）
▽2樓樓板面
57
270
120×270
客、餐廳與廚房（LDK）
1樓天花剖面圖[S=1:25]

B 天花板內側有足夠空間的作法

天花板內側有足夠空間者，選擇主架在副架下方垂直交叉的工法。工序是①將天花副架以釘子固定在天花外框的上方。②吊木安裝間距為910mm。③將主架以垂直交叉在副架下方，並與牆邊的天花外框同高下釘固定，固定間距為455mm。

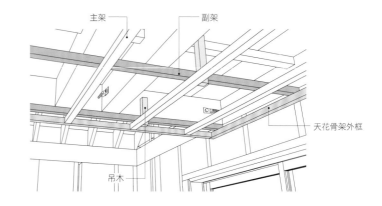

主架
副架
天花骨架外框
吊木

配線方式依天花板內側的空間決定

管線穿過天花板內側者，規劃管線時必須考量洩水坡度和保溫護罩[※]的高度。

主架
吊木
副架

這種天花板內側還有空間的天花板骨架不同於插圖的示意圖。在樑上固定吊木→安裝副架→下方是垂直交叉的主架。

※ 給水管、給熱水管和冷媒管等管線以隔熱材包覆之後，再用鋁材、不鏽鋼材或鋼板＋塗料等金屬材料保護，目的在於保溫與保冷。

室內牆工程

石膏板等室內牆的面板以釘子或螺絲固定在柱子、間柱與橫托木上。倘若該面室內牆屬於日本《建築基準法》公告規格的剪力牆，必須使用釘子，而非螺絲固定。

飾面採用塗裝與泥作時必須安裝 2 張石膏板

　　室內牆多半以石膏板組成。如果飾面選擇張貼壁紙，只需要安裝一層厚12.5mm的石膏板；如果飾面為塗裝或泥作，最好安裝2層厚9.5mm的石膏板，以防飾材因為石膏板位移而龜裂。安裝2層石膏板時，上方跟下方的石膏板接合處最好錯開，好讓上方的石膏板分散下方石膏板的位移。安裝石膏板是木工師傅的工作，但是批土打造平滑表面則是各家施作飾面師傅的工作[參考116頁]。石膏板表面要是不夠平整，屆時張貼壁紙等飾材時凹凸不平，需要特別留意。

　　廚房與洗手台附近等用水處因為水氣影響，需要使用防水板。至於爐子附近則是選擇不燃石膏板或矽酸鈣板等建材當底板，做好防火對策。使用的石膏板種類根據使用的位置而有所不同[106頁A]。[關本]

相關人員
現場

現場監工人員　　木工師傅

內部底板工程

第3~5個月

室內牆工程

1 從樓上開始安裝石膏板

考量施工方便，建議從樓上開始安裝石膏板。石膏板以釘子或螺絲固定於柱子、間柱與橫托木。飾面張貼壁紙者，通常只需要安裝 1 層石膏板。一般室內牆的壁材固定間隔為板子周圍 200mm 以下，中央處 300mm 以下。倘若該室內牆是屬於日本《建築基準法》公告規格的剪力牆，周圍與中央處皆為 150mm 以下；依照日本省令準耐火標準（日本住宅金融支援機構制定的耐火標準，以防止延燒為目的）設計的牆壁則是周圍與中央處都是第 1 層 150mm 以下，第 2 層 200mm 以下。

> 剪力牆只能用釘子固定，不可以使用螺絲。釘頭也不能陷進板內，會降低強度

2 安裝2層石膏板

飾面採用塗裝或泥作時，步驟如下：①安裝 2 層石膏板；②底層的石膏板以 100～300mm 的間距點狀塗布無機質或醋酸乙烯樹脂類的接著劑，再以螞蝗釘暫時固定第 2 層，最後以螺絲固定；③第 2 層石膏板的接縫處與下方板子錯開；④規劃石膏板分割時，不要把板子的直角處規劃在門窗框的轉角處。因為開關時引起震動，容易導致板子出現裂痕。

> 天花結構外露的室內牆安裝 2 層石膏板相當費工，建議工期預估 2～3 星期。

B » **P. 106**

打造俐落的固定式書櫃

3 瓦斯爐附近使用不燃材

瓦斯爐附近的底板選擇不燃石膏板或矽酸鈣板等防火建材。本案例因為使用 IH 電子爐，在申請建築計畫確認時不受室內裝潢的規範所限，但是考慮受熱引發失火，還是使用厚 10mm 的矽酸鈣板。

> 《消防法》與《火災預防條例》等法令規定烹飪器具與周圍的間隔距離，記得設計時要確認。

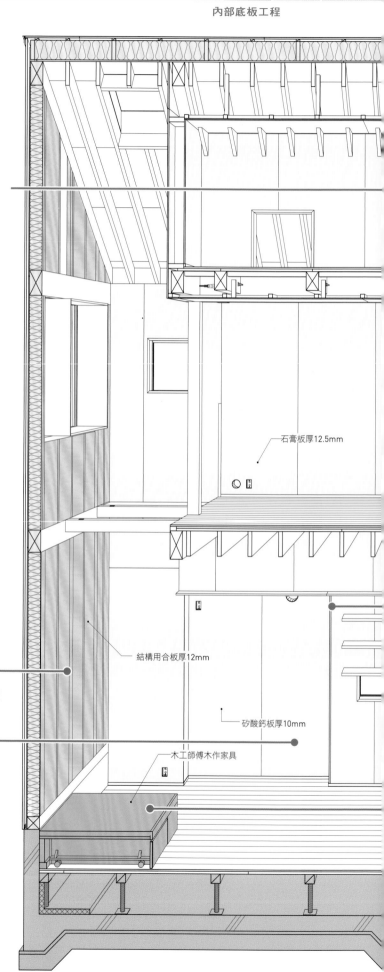

石膏板厚12.5mm

結構用合板厚12mm

矽酸鈣板厚10mm

木工師傅木作家具

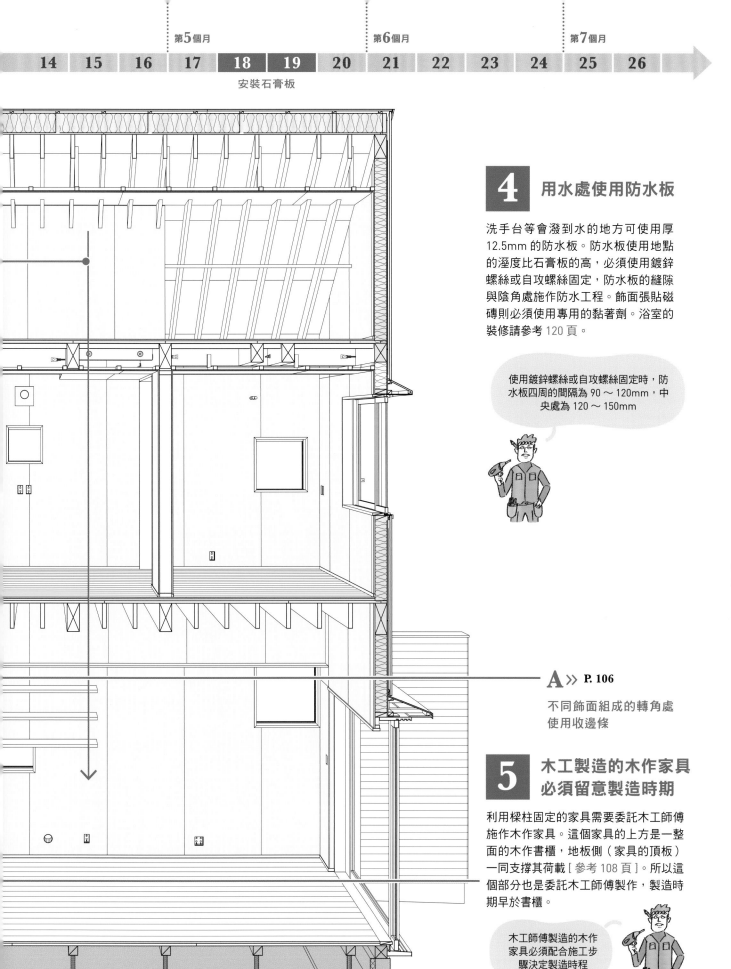

安裝石膏板

4　用水處使用防水板

洗手台等會潑到水的地方可使用厚
12.5mm 的防水板。防水板使用地點
的溼度比石膏板的高，必須使用鍍鋅
螺絲或自攻螺絲固定，防水板的縫隙
與陰角處施作防水工程。飾面張貼磁
磚則必須使用專用的黏著劑。浴室的
裝修請參考 120 頁。

> 使用鍍鋅螺絲或自攻螺絲固定時，防
> 水板四周的間隔為 90 ～ 120mm，中
> 央處為 120 ～ 150mm

A >> **P. 106**

不同飾面組成的轉角處
使用收邊條

5　木工製造的木作家具
必須留意製造時期

利用樑柱固定的家具需要委託木工師傅
施作木作家具。這個家具的上方是一整
面的木作書櫃，地板側（家具的頂板）
一同支撐其荷載 [參考 108 頁]。所以這
個部分也是委託木工師傅製作，製造時
期早於書櫃。

> 木工師傅製造的木作
> 家具必須配合施工步
> 驟決定製造時程

室內牆工程檢核表

A 不同飾面組成的轉角處使用收邊條

不鏽鋼板、磁磚與壁紙等裝飾面材在轉角處切換時,使用收邊條既方便又俐落清爽。本案例把L字型的鋁板切割成12mm後塗裝作為收邊條來使用。側面(客廳側)為了配合完成面的磁磚厚度突出3mm。

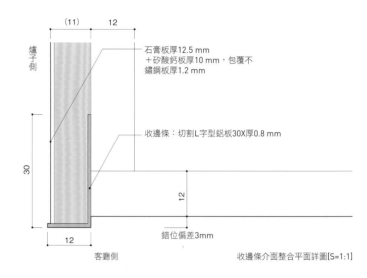

爐子側

(11) 12

石膏板厚12.5 mm＋矽酸鈣板厚10 mm,包覆不鏽鋼板厚1.2 mm

30

收邊條:切割L字型鋁板30X厚0.8 mm

12

錯位偏差3mm

12

客廳側

收邊條介面整合平面詳圖[S=1:1]

B 打造俐落的固定式書櫃

請木工師傅製作一整面的書櫃,在柱子與間柱之間安裝補強用的12mm厚結構用合板。在柱子與間距455mm的間柱安裝側板與隔板,把層架固定在背面的結構用合板。委託木工師傅製造的家具會比向家具師傅訂製的家具早進場設置。

石膏板要縱向還是橫向安裝?

石膏板的安裝方式端視施工方便與否。橫向安裝需要更多橫托木,較為費工。安裝石膏板的牆壁為剪力牆時採用縱向,上下板子接縫之間需要施作45X105mm以上的橫托木。

訂製家具

訂製家具的製造人分為木工師傅與家具師傅。步驟與成果隨委託的對象而大相逕庭，工期含塗裝約2週。

作法會隨木工師傅與家具師傅而異

通常木工師傅製作的家具會利用柱子、間柱與樑等來進行。木工師傅除了工地，也會在工坊製作。至於家具師傅則是在工廠製造。不會和其他部位衝突的家具多半是即將竣工之際進場。家具師傅製作的家具比木工師傅精緻，但是價格也比較高。

木工師傅主要使用的木材除了實木板和拼接板，還有木心板[110頁BC]。各部位基本上以螺絲固定，因此必須以木栓等方式來隱藏螺絲頭。製造的家具種類繁多，橫跨櫃子到設計單純的廚具都有。

適合委託家具師傅製作的是與房子結構關聯性較少的家具，如本案例的廚房餐桌。

倘若訂製家具分別委託木工師傅與家具師傅，建議先預想現場施作流程來決定施作步驟[110頁 C]。　　　　　　[關本]

相關人員
現場

現場監工人員　　木工師傅　　門窗師傅　　家具師傅

周次	1	2	3	4	5	6	7	8	9	10	11	12	13

第1個月　第2個月　第3個月　第4個月

第4〜5個月
訂製家具

A ≫ P. 110

金屬板要注意厚度

吧台等家具交給木工製作就能緊貼牆壁，不留縫隙！如果只有門片，有時可以交給門窗師傅

1 木工師傅製造的木作家具會與木工工程同時進行

木工師傅是在進行木工工程的空檔製造家具，所以方便於設置家具後放入板子，或是把層板嵌進牆壁裡等作法。

層板因為是固定在柱子與間柱之間，所以要在安裝石膏板前施作[參考96頁]。施作後需要加以保護，以免安裝石膏板等工程時造成損傷。

在客廳時，可以一覽無遺廚房四周，並延續到客廳的家具，所以最好選擇相同的裝飾面材方能顯得俐落清爽。面材選擇橡木集成材等木材且上油處理者，最好是木工師傅或是家具師傅擇一委託施作，不然木紋或是顏色可能出現差異。一般最後上漆時在工廠塗裝，成果較為美觀。

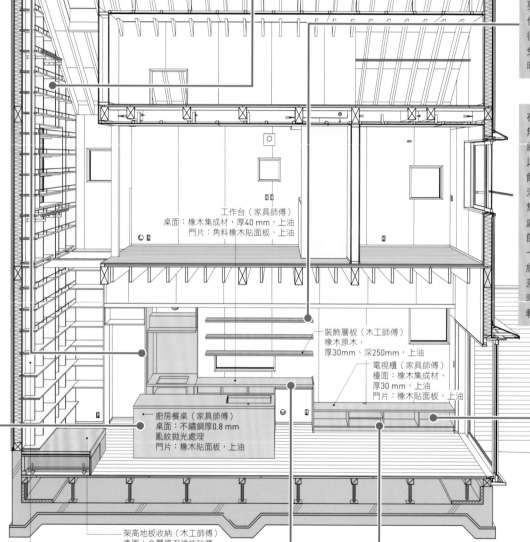

工作台（家具師傅）
桌面：橡木集成材，厚40 mm，上油
門片：角料橡木貼面板，上油

裝飾層板（木工師傅）
橡木原木，
厚30mm、深250mm，上油

電視櫃（家具師傅）
檯面：橡木集成材，
厚30 mm，上油
門片：橡木貼面板，上油

廚房餐桌（家具師傅）
桌面：不鏽鋼厚0.8 mm
亂紋拋光處理
門片：橡木貼面板，上油

架高地板收納（木工師傅）
表面：金屬鏝刀塗抹砂漿
收納：結構用合板厚24 mm

書櫃（木工師傅）
框架板材：椴木木心板，厚24 mm，不上漆、
側面：椴木，厚4 mm，上油
層板：椴木木心板，厚18 mm，不上漆、
側面：椴木，厚4 mm，上油
防止書本掉落的擋條：鋼棒直徑6mm，上油性調和漆

已經塗裝完畢的家具在124頁的階段設置與調整。

本案例是在安裝石膏板後設置家具，再施作牆面批土等工程並張貼壁紙。要是在張貼壁紙後設置家具，壁紙與家具之間會形成縫隙。在張貼壁紙之前設置家具方能避免縫隙。

2 確認家具進場時間

由家具師傅製造的家具倘若設置的位置和牆面或設備有衝突時，必須在安裝完石膏板的階段進場。廚房的工程請參考 124 頁。

牆面收納是設置家具後再貼壁紙喔！

第5個月				第6個月				第7個月		
14	15	16	17	18	19	20	21	22	23	24	25	26

木工進場　　　　　　　　　　　家具進場

3 木工師傅製作書櫃

利用柱子與間柱，在各層之間安裝側板與隔板，放上層板固定。後方安裝張貼石膏板以便張貼壁紙。最後設置直徑 6mm 的鋼棒以防書本掉落。

和房子結構有關，所以要留意施工步驟

壁紙貼在針葉類樹木材的合板上，有時會因為木材含的樹液成分而浮現汙漬。解決方式是在合板上底漆或是改用石膏板當底板。本案例是使用石膏板。

B ≫ P. 110

木板厚度依實際負荷重量調整

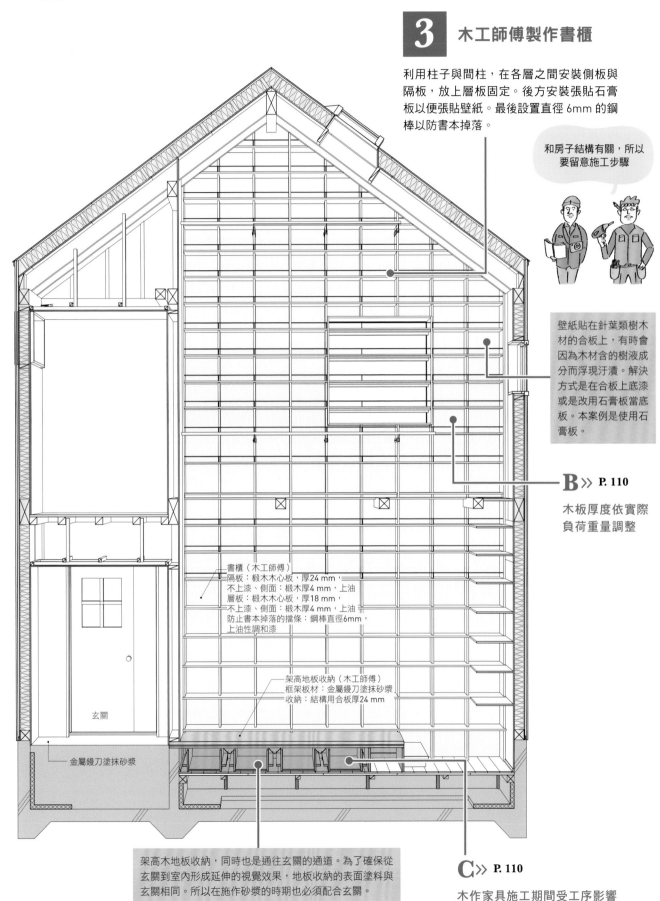

書櫃（木工師傅）
隔板：椴木木心板，厚24 mm，
不上漆、側面：椴木厚4 mm，上油
層板：椴木木心板，厚18 mm，
不上漆、側面：椴木厚4 mm，上油
防止書本掉落的擋條：鋼棒直徑6mm，
上油性調和漆

架高地板收納（木工師傅）
框架板材：金屬鏝刀塗抹砂漿
收納：結構用合板厚24 mm

玄關

金屬鏝刀塗抹砂漿

架高木地板收納，同時也是通往玄關的通道。為了確保從玄關到室內形成延伸的視覺效果，地板收納的表面塗料與玄關相同。所以在施作砂漿的時期也必須配合玄關。

C ≫ P. 110

木作家具施工期間受工序影響

木作工程檢核表

A 注意金屬板的厚度

IH爐四周的牆面鋪設不鏽鋼板,以便清潔油汙。不鏽鋼板太厚的話,鋪設時容易顯得凹凸不平。

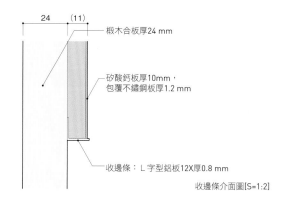

椴木合板厚24 mm

矽酸鈣板厚10mm,
包覆不鏽鋼板厚1.2 mm

收邊條:L 字型鋁板12X厚0.8 mm

收邊條介面圖[S=1:2]

B 木板厚度依實際負荷重量調整

側板與隔板使用厚24mm的椴木木心板,層板使用厚18mm的椴木木心板。L字形的木板用來補強層板。

C 木作家具施工期間受工序影響

一整面牆的書櫃是由柱子、間柱與結構用合板補強的牆壁所支撐,下方則是架高木地板收納。因此在施作書櫃前必須先完成地板收納工程。另外,由於抽屜的結構單純,因此是由木工師傅在現場加工製造。

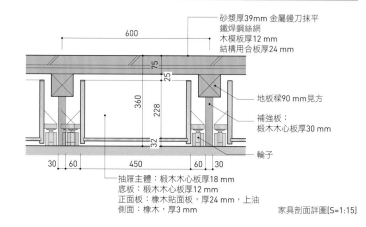

砂漿厚39mm 金屬鏝刀抹平
鐵焊鋼絲網
木模板厚12 mm
結構用合板厚24 mm

地板樑90 mm見方

補強板:
椴木木心板厚30 mm

輪子

抽屜主體:椴木木心板厚18 mm
底板:椴木木心板厚12 mm
正面板:橡木貼面板,厚24 mm,上油
側面:橡木,厚3 mm

家具剖面詳圖[S=1:15]

善用木工師傅與家具師傅

可結合木工和家具製作的長處,像前面的書櫃是木工師傅現場加工製作,右側廚房的餐桌廚具是向家具師傅訂製的家具

天花板飾面

天花板與牆面相同，鋪設石膏板與打底之後進行飾面裝潢。一般石膏板是先從天花板開始鋪設，有時則受天花板與牆面交接的轉角內角形狀影響，從牆面開始鋪設，需要多加注意。

利用收邊條營造俐落的視覺效果

為了營造俐落乾淨的氣氛，筆者天花板的施作方式與牆面多處相同[114頁A]。另一方面，只有天花板鋪設企口板，會形成空間的亮點。

筆者在天花板與牆面交接的內角，使用日文名稱為「十手型」的收邊條（CP-910／創建等廠商）[114頁B、D]，在牆面與天花板之間保留縫隙。分開天花板與牆面，不但能讓空間顯得更乾淨俐落，縫隙還能吸收固定在骨架上的天花板所造成的震動，避免龜裂與裂縫。

一般市面販售的收邊條縫隙為3～12mm，筆者配合木框的錯位偏差（10mm），選擇縫隙10mm的收邊條[114頁D]。　　　[關本]

現場相關人員

現場監工人員　　木工師傅　　油漆師傅　　裝潢師傅

第5～6個月
天花板飾面

1 鋪設石膏板

天花板如果是貼壁紙，工期大概是1天

使用壁紙貼天花板時，石膏板通常只需用單片拼接。從房間的邊緣開始施工，以螺絲固定在天花主架上。一般天花板的固定間距是板四周150mm 以下，中央處 200mm 以下。依照省令準耐火標準（日本住宅金融支援機構制定的耐火標準，以防止延燒為目的）所設計的天花板則是板四周與中央皆為第 1 片間距為 300mm 以下，第 2 片為板四周150mm 以下，中央者為 200mm 以下。鋪設雙層時則要避免拼接的縫隙都在同一處。施工方式與牆面相同 [參考 100 頁]。

A ≫ P. 114

泥作飾面

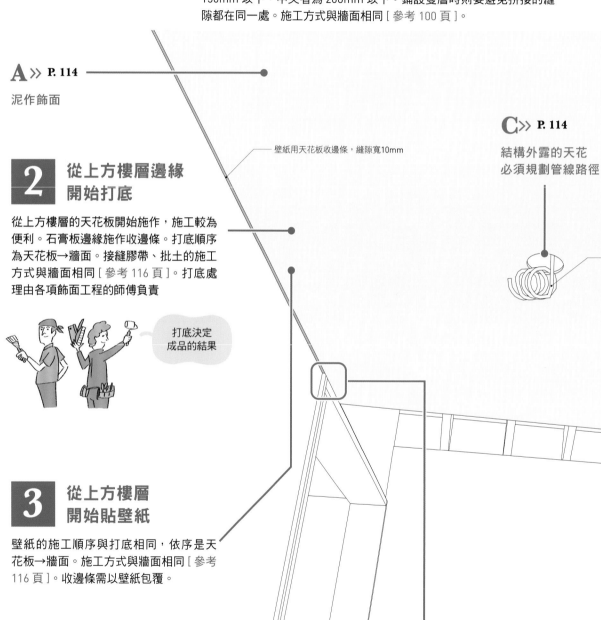

壁紙用天花板收邊條，縫隙寬10mm

C ≫ P. 114

結構外露的天花
必須規劃管線路徑

燈具配線

2 從上方樓層邊緣開始打底

從上方樓層的天花板開始施作，施工較為便利。石膏板邊緣施作收邊條。打底順序為天花板→牆面。接縫膠帶、批土的施工方式與牆面相同 [參考 116 頁]。打底處理由各項飾面工程的師傅負責

打底決定
成品的結果

3 從上方樓層開始貼壁紙

壁紙的施工順序與打底相同，依序是天花板→牆面。施工方式與牆面相同 [參考 116 頁]。收邊條需以壁紙包覆。

收邊條必須塗上壁紙
用的底漆，壁紙包邊
時才固定得住

D ≫ P. 114

收邊條應配合木框設計

本案例面對挑高處的裝飾樑與結構用合板的天花板不上漆。天花裝潢採用壁紙或塗裝者，室內施工架必須等到這些作業都完成才能拆除，進而影響挑高處下方家具設置的時間。所以規劃時必須考量其他工項的作業時間。

B ≫ **P.114**

處理凹陷天花的邊緣

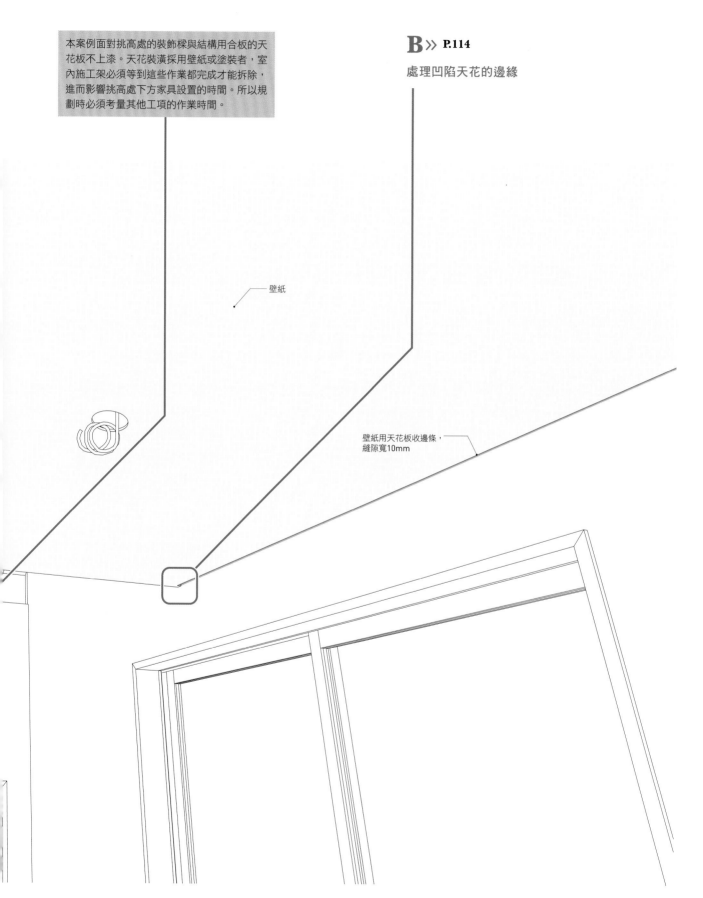

壁紙

壁紙用天花板收邊條，縫隙寬10mm

天花板飾面檢核表

 A 泥作飾面

石膏板的接縫批土後，塗上促使塗裝平整的底漆，以滾輪、噴槍與泥作鏝刀重疊塗抹（照片為其他案例，牆面使用扇貝殼粉與米糠製成的塗料）。

 B 處理凹陷天花的邊緣

一般牆壁和天花板交接處若留有縫隙會產生陰影，營造出俐落乾淨的印象，可建議用聚氯乙烯製的收邊條D處理。但是以本案為例，這個縫隙凹陷處從挑高處看過去像是缺陷，因此建議隱藏起來。因此用一塊長約15mm的木片塞住縫隙邊緣。

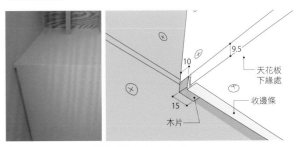

寬10X長15X深10mm的木片漆成和壁紙一樣的顏色

 C 結構外露的天花必須規劃管線路徑

結構外露的天花，抬頭就能看到管線的位置。配線方式可以參考102頁。本案例有一些管道是裸露的，但因為鋪設在因樑而降低的天花板之間，因此被裝飾樑隱藏了。如果走的是排水管，則在管道周圍填充玻璃棉以進行隔音。

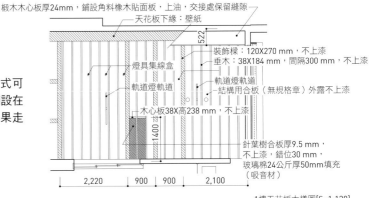

椴木木心板厚24mm，鋪設角料橡木貼面板，上油，交接處保留縫隙
天花板下緣：壁紙
522
裝飾樑：120X270 mm，不上漆
垂木：38X184 mm，間隔300 mm，不上漆
燈具集線盒
軌道燈軌道
軌道燈軌道
結構用合板（無規格章）外露不上漆
木心板38X高238 mm，不上漆
1400
針葉樹合板厚9.5 mm，不上漆，錯位30 mm，玻璃棉24公斤厚50mm填充（吸音材）
2,220　900　900　2,100

1樓天花板大樣圖[S=1:120]

 D 收邊條應配合木框設計

天花板的收邊條縫隙配合木框與牆壁一起設計，線條連成一氣，顯得俐落。本案例為10mm。

壁紙或塗裝用底漆
30
收邊條
10
10
石膏板厚9.5 mm
10　8

收邊條形狀圖[S=1:2]

 **貼壁紙的天花板與保持原木本色的樑**

從主臥室望向挑高的書櫃。正前面的可移動式扶手牆拉下來就是地板。天花板與牆面白色部分是壁紙，樑的表面處理方式則保留原木的顏色。

[攝影：新澤一平]

室內牆飾面

設底板的石膏板後,開始打底工程:①接縫處張貼接縫膠帶,②批土等等。每一處打底都由各項飾面工程的師傅處理。

壁紙與塗裝的優缺點

壁紙種類繁多,質感五花八門。有些壁紙的效果和塗裝不相上下。雖然張貼壁紙比塗裝費工,但壁紙價格多半比塗裝便宜,又具備容易清潔、防霉、調節濕度與除臭等功能。缺點則是交接處易出現縫隙。

塗裝的優點在於調色自由,完成面沒有縫隙。缺點是容易受到底部基材影響,出現裂痕,同時不易清潔[118頁A]。有時就算施工過程多加留意也還是會出現裂痕,需要事前與業主溝通。

裝飾面材使用椴木合板等合板,若不做任何塗裝會比張貼壁紙便宜,但倘若需要上油則比張貼壁紙費工。所以必須事前確認使用合板的理由,是因為喜歡合板的感覺,或是想要節省預算。　　　　[關本]

現場相關人員

現場監工人員　　泥作師傅　　裝潢師傅　　磁磚師傅　　油漆師傅

第6個月

室內牆飾面

1 進行打底工程

倘若石膏板邊緣切成 V 字型等前端變窄的面，①接縫處以批土填平；②接縫處張貼接縫膠帶（玻璃纖維，以免接縫批土裂開）；③轉角張貼補強材。每一處打底都先從天花板開始，再處理牆面。打底由各項飾面工程的師傅處理。

工期約莫 2 星期

無論是張貼壁紙還是塗裝都需要事先打底。

A ≫ P. 118

轉角飾面

2 進行批土作業

批土的工序為①石膏板的接縫處與螺絲孔以批土填平；②批土隆起處以砂紙磨平；③進行第二次批土。第一次批土乾燥後會略微凹陷，磨平牆面後薄薄塗上大面積批土，④批土隆起處以砂紙磨平。每一處打底都先從天花板開始，再處理牆面。

無論採用塗裝或是使用很薄的壁紙，批土必須進行 3 次才夠平整。

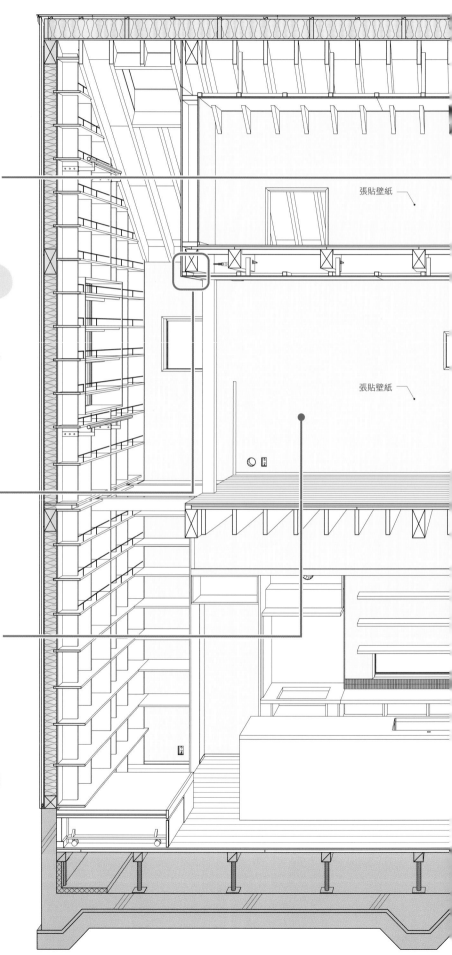

張貼壁紙

張貼壁紙

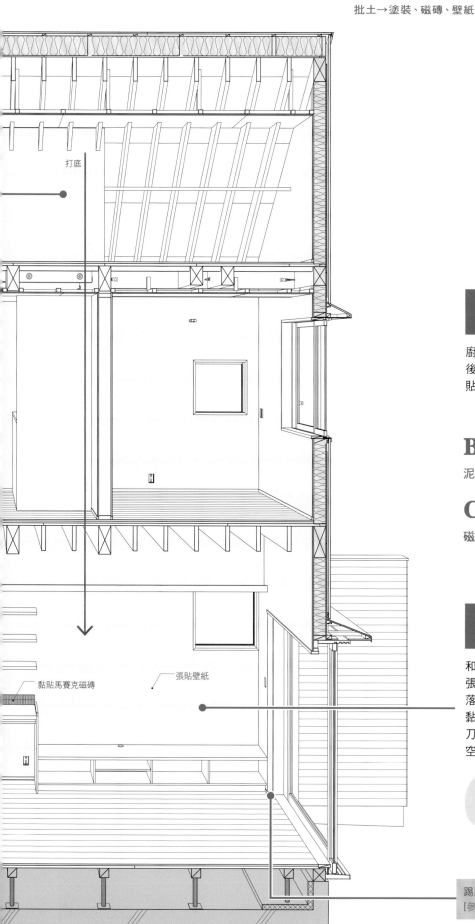

打底

黏貼馬賽克磁磚

張貼壁紙

3 局部張貼磁磚

廚房等局部張貼磁磚的地方，第一次批土後張貼磁磚。接下來進行第二次批土，張貼壁紙。

交給我來！

B ≫ **P. 118**

泥作飾面

C ≫ **P. 118**

磁磚飾面

4 貼壁紙

和打底一樣，從上面的樓層開始張貼壁紙。張貼時以施作便利與否為優先考量，從角落開始著手。工序為①先在壁紙背後塗上黏著劑，邊緣處稍微搭接，搭接處以美工刀切割。②以壁紙刷 [※] 壓平壁紙，排除空氣，讓壁紙與牆面更為貼合。

倘若壁紙的材質是和紙，搭接處會看到接縫，必須事前討論如何黏貼。

踢腳板是釘上板子後，以黏著劑與隱形釘固定 [參考96頁]。踢腳板在張貼壁紙之前完成塗裝。

※ 張貼紙或布時撫平表面的工具

117

室內牆飾面檢核表

 A 轉角飾面

面對天花板下緣與牆面轉角處的突出轉角處理步驟如下：①貼上塑膠材質的轉角補強材；②第一層批土；③第二層批土；④以砂紙磨平。內角凹陷的處理方式為①貼上接縫膠帶；②第一層批土；③第二層批土；④以砂紙磨平。

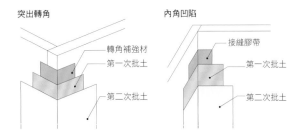

 C 磁磚飾面

浴室張貼磁磚的方式請參考120頁。以浴室為例，①防水板接縫處張貼接縫膠帶；②打底批土；③以鋸齒抹刀在預定張貼磁磚處塗抹磁磚黏著劑；④黏貼磁磚時要輕壓磁磚（壓貼法）。磁磚從容易引人注意的轉角處開始張貼，並在開口處做缺口收邊（照片為其他案例）。

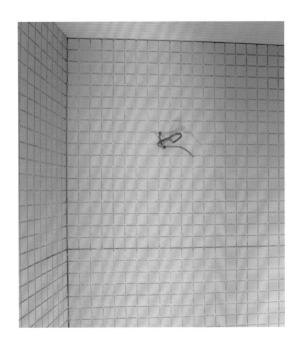

 **B** 泥作飾面

泥作的工序為①將周遭的家具貼膠帶保護；②石膏板接縫處張貼泥作專用的膠帶；③打底（約2mm厚）；④面塗（約5mm厚）；⑤以專用的鏝刀等工具描繪圖案（照片為其他工地的「白州壁」——使用九州南部火山爆發沉積物所製造的泥作材料）

📷
室內裝潢的步驟

室內貼完壁紙的模樣。一般室內裝潢的步驟是①塗裝；②貼磁磚；③貼壁紙。

浴室飾面

安裝半套衛浴設備後，在牆面施作橫托木以鋪設企口板。相較於整套衛浴設備，半套衛浴更有發揮設計的空間效果，卻也更需要留心防水工程。工期為2～3天。

重點是防水處理與使用順手

下一頁的插圖呈現的是筆者固定使用的浴室施作方式。牆面鋪設木企口板（黃檜），半套衛浴設備與牆面交接處黏貼馬賽克磁磚。整體衛浴與企口板之間保留一定距離，避免企口板側面吸收水分，導致木板腐爛。這種作法也比整面黏貼磁磚便宜，且更為美觀。

傳統工法在磁磚與牆面交接處容易發生問題。因此收邊條採用鋁製邊角條確保透氣，磁磚上方保留5mm縫隙以利排水[122頁A]。天花板與牆面交接處也保留6mm縫隙以確保通風，避免企口板腐爛[122頁B]。衛浴設備沒有在牆前配管的箱體，所以無處放置肥皂與洗髮精等衛浴用品[※]，需要在設計圖上考慮置物架與鏡子等的位置。近年來業主多半要求在浴室設置曬衣桿。若直接使用既有產品，空間會顯得相當無趣。因此在圖面上標示鋪設企口板之前就安裝曬衣桿的托架孔，屆時曬衣桿看起來像是直接放進牆裡[122頁C]。　　[關本]

現場相關人員

現場監工人員

磁磚師傅

門窗師傅

防水師傅

木工師傅

衛浴廠商

※ 部分品牌若額外付費即可施作配管箱體

第5～6個月

浴室飾面

B >> P. 112

天花板與牆面之間保留縫隙

1 安裝半套衛浴設備

為了不損壞內牆,半套衛浴設備最好在施工後和內牆安裝前進入。

> 下單到交貨約需1個月,下單時間要配合工程進度!

2 安裝木企口牆

防水合板上先要張貼防水布,釘上橫托木,才能鋪設飾面的企口板(黃檜)。

> 要照分割圖來鋪設喔!

A >> P. 122

磁磚以角鋼收邊

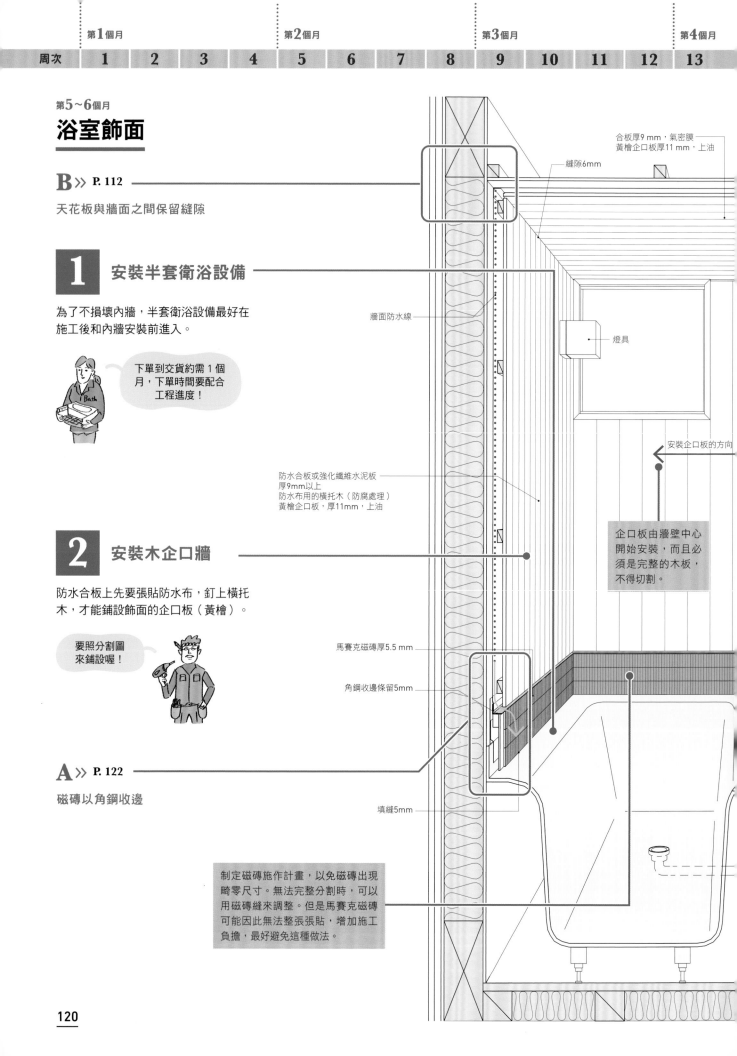

合板厚9 mm,氣密膜
黃檜企口板厚11 mm,上油

縫隙6mm

牆面防水線

燈具

安裝企口板的方向

防水合板或強化纖維水泥板
厚9mm以上
防水布用的橫托木(防腐處理)
黃檜企口板,厚11mm,上油

> 企口板由牆壁中心開始安裝,而且必須是完整的木板,不得切割。

馬賽克磁磚厚5.5 mm

角鋼收邊條留5mm

填縫5mm

> 制定磁磚施作計畫,以免磁磚出現畸零尺寸。無法完整分割時,可以用磁磚縫來調整。但是馬賽克磁磚可能因此無法整張張貼,增加施工負擔,最好避免這種做法。

第5個月 · 第6個月 · 第7個月

安裝半套衛浴設備　　　　浴室安裝企口板與張貼磁磚

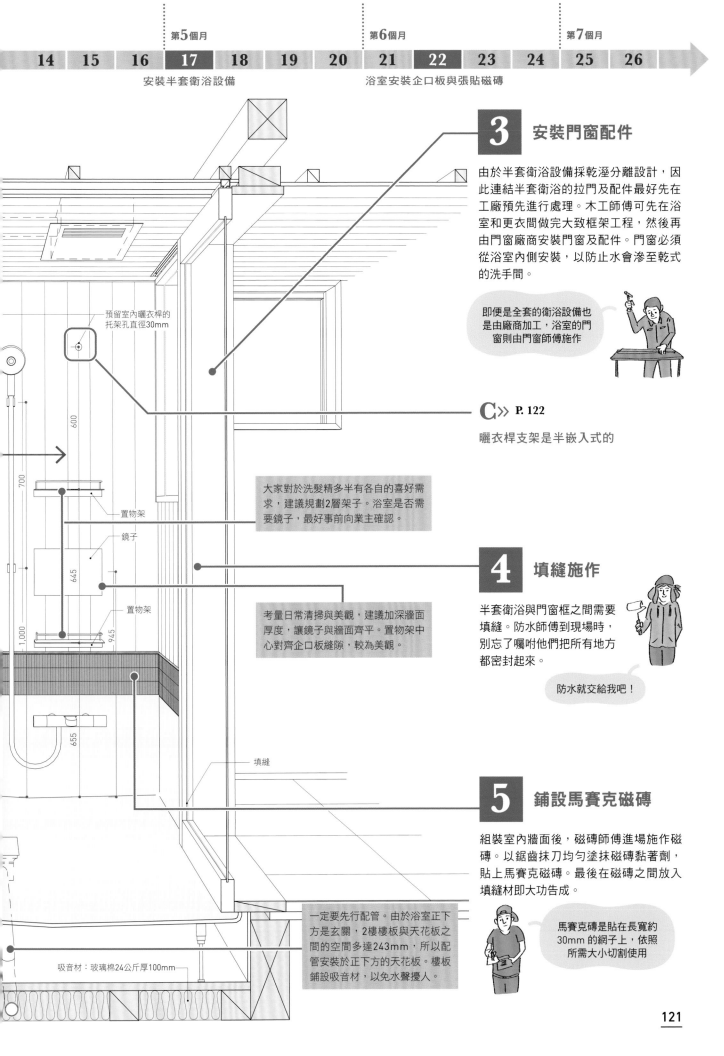

預留室內曬衣桿的
托架孔直徑30mm

600

700

置物架

鏡子

645

置物架

1,000

945

655

填縫

吸音材：玻璃棉24公斤厚100mm

3　安裝門窗配件

由於半套衛浴設備採乾溼分離設計，因此連結半套衛浴的拉門及配件最好先在工廠預先進行處理。木工師傅可先在浴室和更衣間做完大致框架工程，然後再由門窗廠商安裝門窗及配件。門窗必須從浴室內側安裝，以防止水會滲至乾式的洗手間。

即便是全套的衛浴設備也是由廠商加工，浴室的門窗則由門窗師傅施作

C ≫ P. 122

曬衣桿支架是半嵌入式的

大家對於洗髮精多半有各自的喜好需求，建議規劃2層架子。浴室是否需要鏡子，最好事前向業主確認。

4　填縫施作

半套衛浴與門窗框之間需要填縫。防水師傅到現場時，別忘了囑咐他們把所有地方都密封起來。

防水就交給我吧！

考量日常清掃與美觀，建議加深牆面厚度，讓鏡子與牆面齊平。置物架中心對齊企口板縫隙，較為美觀。

5　鋪設馬賽克磁磚

組裝室內牆面後，磁磚師傅進場施作磁磚。以鋸齒抹刀均勻塗抹磁磚黏著劑，貼上馬賽克磁磚。最後在磁磚之間放入填縫材即大功告成。

一定要先行配管。由於浴室正下方是玄關，2樓樓板與天花板之間的空間多達243mm，所以配管安裝於正下方的天花板。樓板鋪設吸音材，以免水聲擾人。

馬賽克磚是貼在長寬約30mm 的網子上，依照所需大小切割使用

浴室工程檢核表

A 磁磚收邊條使用角鋼

磁磚上方與木企口板之間以角鋼收邊，收邊處保留5mm的縫隙。防水布一定要捲在半套衛浴的內側。

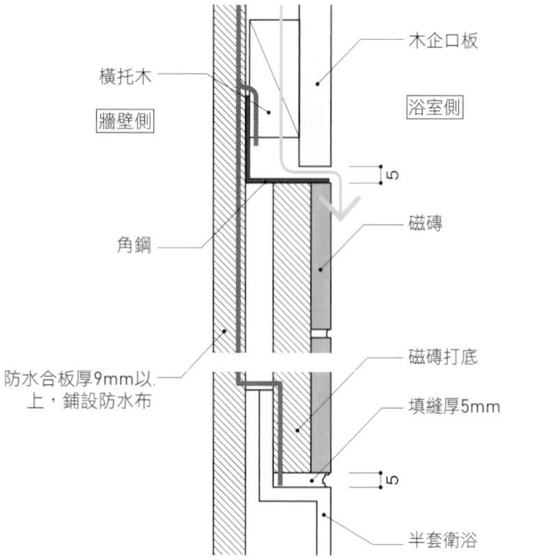
木企口板
橫托木
牆壁側
浴室側
5
角鋼
磁磚
磁磚打底
防水合板厚9mm以上，鋪設防水布
填縫厚5mm
5
半套衛浴

剖面詳圖[S=1:3]

C 曬衣桿支架是半嵌入式

將曬衣桿支架嵌入牆面約22mm深度，以便伸縮式浴室曬衣桿的尖端可以插入牆壁。

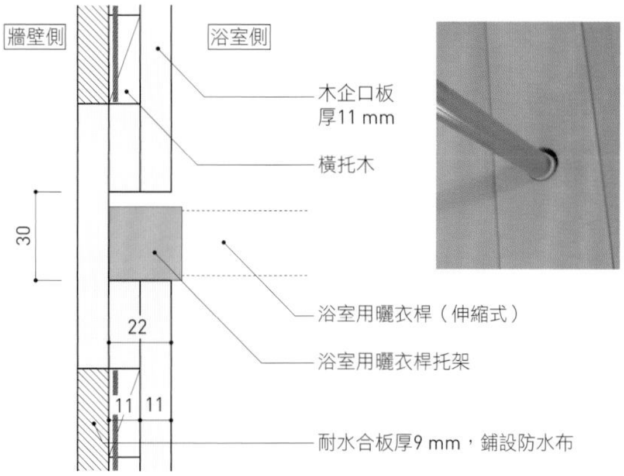
牆壁側
浴室側
木企口板
厚11 mm
橫托木
30
浴室用曬衣桿（伸縮式）
22
浴室用曬衣桿托架
11 11
耐水合板厚9 mm，鋪設防水布

剖面詳圖[S=1:3]

B 天花板與牆面之間保留縫隙

天花板與牆面交接處保留6mm縫隙，天花板與牆面的企口板縫隙互相對齊。

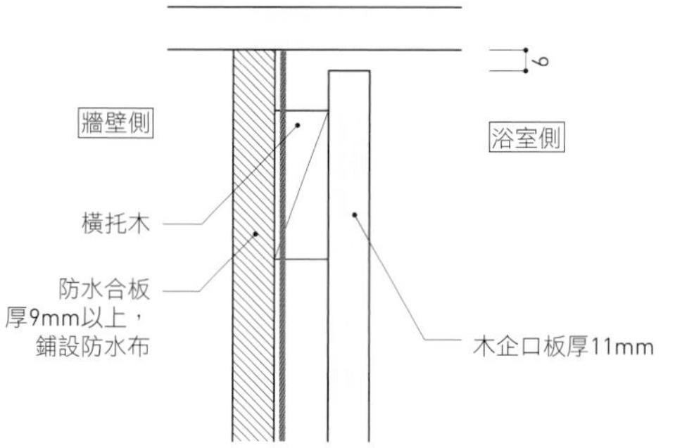
6
牆壁側
浴室側
橫托木
防水合板厚9mm以上，鋪設防水布
木企口板厚11mm

剖面詳圖[S=1:3]

營造寬敞的視覺效果

從洗手間往浴室看。隔間牆上半部以透明玻璃造成穿透2個空間的效果，更顯寬敞。

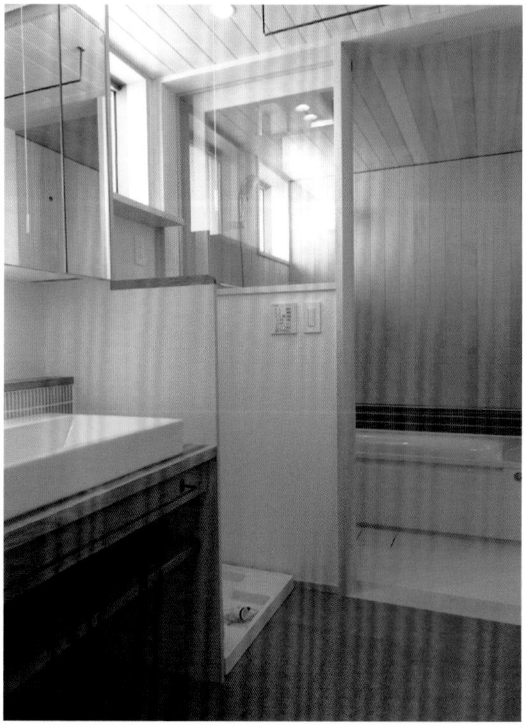

29

第4～6個月

內部門窗、家具

木工師傅做好框架之後，安裝門窗，同時調整家具。本節將一起介紹並確認施工圖的重點與廚房（家具）配置。

內部門窗安裝前需要一起確認圖面，廚具要連同配管一同考量

門窗是在工廠製造生產，看不見製造過程，無法半途修正，所以事前討論極為重要。筆者習慣在門窗師傅來現場丈量時一起確認圖面。儘管圖面上有註明門窗與牆面銜接的厚度，但若能大家一起預想成品的模樣，更能提升精準度。

家具工廠有許多加工機器，精準度更勝在工地施作。例如利用加工器材隱藏螺絲，適合製作精緻的家具。除了原木板與拼接板之外，也能加工角材拼成日字形貼皮的貼面板。家具在108頁進場，廚具在決定位置後，還必須配合配管的位置調整。以洗碗機為例，日本製的洗碗機配管是在機器正下方，其他國家的洗碗機配管則是在機器旁邊豎起，最好事前向廠商確認[126頁A]。　　　　　　　　　　[關本]

相關人員 現場

現場監工人員

門窗師傅

家具師傅

第4～6個月

內部門窗與家具

製造一整套門窗約需 2 星期！

1 丈量木框內側的尺寸

木工師傅丈量所有木框內側的尺寸，圖面與現場尺寸會有 ±2mm 的誤差，門窗一定要配合現場尺寸施作。有時師傅會弄錯防颱板收納箱的尺寸，需要特別留意。

3 將門窗固定

會配合木框調整或削減門窗的大小，並把門窗固定在木框上。

記得門窗進工地時還需要調整，要做得比丈量的尺寸大一些。

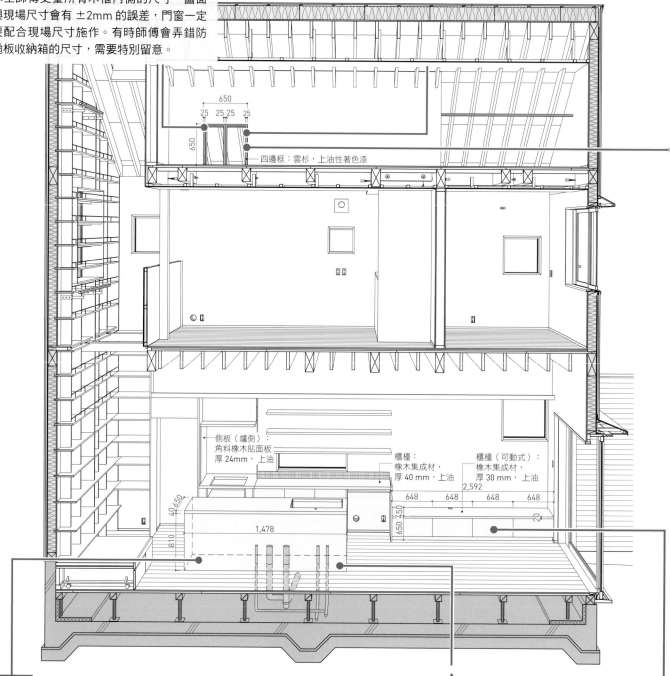

650
25 25 25 25
650

四邊框：雲杉，上油性著色漆

側板（爐側）：
角料橡木貼面板
厚 24mm，上油

櫃檯：
橡木集成材，
厚 40 mm，上油

櫃檯（可動式）：
橡木集成材，
厚 30 mm，上油
2,592

648 648 648 648

40 650
650 450
810
1,478
20

4 丈量設置家具位置的尺寸

在現場丈量設置家具的位置。特別是廚房等涉及配管規劃，應按照實際狀況來施作配管線的位置。

同時確認配線的位置

A ≫ P. 126

設計廚房時
必須考量使用是否順手

			第5個月					第6個月		第7個月		
14	15	16	17	18	19	20	21	22	23	24	25	26

丈量門窗尺寸，室內五金進場　　　　　　　　　　　　內部門窗固定與安裝，調整家具

2　一起確認圖面

設計師與門窗師傅一起確認圖面，
以免遺漏。

> 家具與木製門窗的製造方式、器材與步驟相同，所以許多工廠兩者都會生產！

> 有時，浴室和洗手間的拉門內外兩邊的把手會安裝在不同位置，因此需要一看圖時提醒現場人員注意！

> 確認貼皮的規格與厚度，以及修邊機銑刀的形狀。

> 安裝門鎖前，必須確認旋轉鈕的位置。

> 考量將來可能拆下門片，吊軌前端保留150mm的空間方便拆裝。作法和平常不一樣時需要特別確認，以免遺漏。

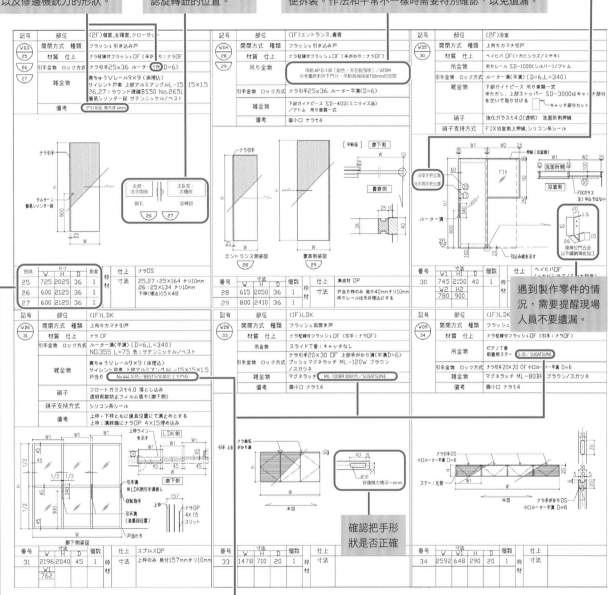

> 遇到製作零件的情況，需要提醒現場人員不要遺漏。

> 確認把手形狀是否正確

> 確認指定的門窗數量是否有誤。

> 確認指定產品是否有誤，例如有時指定產品已經停止生產。倘若無法取得指定產品，和現場人員討論是否有替代品。

5　設置家具

決定家具位置、安裝抽屜等零件。電線或空調機的排水
管倘若收納於家具中，需要現場鑽孔拉進家具中。

> 家具是在工廠安裝五金後分解拆卸，搬進現場後再次組裝喔！

內部門窗與家具檢核表

A 設計廚房時必須考量使用是否順手

規劃廚房之前，必須了解業主在廚房收納哪些物品，使用哪些家電？

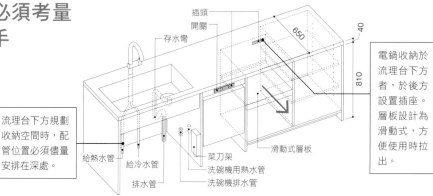

插頭
開關
存水彎
650
40
810

流理台下方規劃收納空間時，配管位置必須儘量安排在深處。

電鍋收納於流理台下方者，於後方設置插座。層板設計為滑動式，方便使用時拉出。

給熱水管
給冷水管
排水管
菜刀架
洗碗機用熱水管
洗碗機排水管
滑動式層板

門窗與家具是點綴空間的亮點

左：從2樓仰望閣樓窗。閣樓是小孩的遊戲區，從室內窗也看得到孩子玩耍的模樣。｜右：從餐廳望向廚房。因為是訂製家具，連細節都能用心打造。　[攝影：新澤一平]

家具與門窗使用特定的廠商

　家具與門窗是決定住宅品質的關鍵。天天都會映入業主眼簾，日常生活每天都會用到，需要特別用心製作。近幾年來，筆者都固定委託同一家家具與門窗廠商。

　委託同一家廠商的優點在於①每一個工地都維持相同品質；②廠商得以累積技術經驗，以及③建立信賴關係。

　如同先前所述，家具與門窗必須兼顧足以天天使用的強度與美觀。無論是哪一家廠商，木工師傅都具備相當水準。要是連家具與門窗都確保品質穩定，更是如虎添翼，任何住宅都無須擔心竣工成果。由於每次委託的作業都相同，成品水準自然提升，就算失敗也知道能如何挽回。另外，每次都和同一批師傅共事，也是一件開心的事。

30

第4～6個月

安裝
機器設備

完成室內裝潢之後，安裝機器設備約需2天時間。儘管開關和空調機等機器設備到了最後階段才會現身工地，在設計階段就必須用心規劃，以免安裝後顯得格格不入。

機器設備是突兀的存在

機器設備是打亂空間和諧的異議份子，包括各類開關、插座、空調機、對講機。牆面上充斥這些有一定厚度的機器。為了促使機器設備融入周遭環境，同時確保業主入住後使用順暢，必須在設計階段把所有機器設備畫在設計圖、水電配置圖等圖面上。

例如在客廳牆面施作一處壁龕，把所有安裝在牆面的機器設備匯集在此，可以降低格格不入之感[130頁A]。
空調機的位置也必須多加考量，慎重規劃[130頁B]，安排在不會過於搶眼的位置與高度。
附蓋的換氣扇雖然體積小，卻有一定的厚度。施作深度約50mm的專用小型壁龕，安裝後便顯得乾淨俐落[130頁C]。　　[關本]

現場相關人員

現場監工人員　　空調設備廠商　　電氣設備廠商　　瓦斯公司

第4～6個月
安裝機器設備

空氣由進氣格柵進入室內,從換氣扇排出。想讓室內空氣循環順暢,排氣位置必須高於進氣位置,同時兩者距離越遠越好。倘若是單一房間,基本上安排於房間的對角線。

1 安裝空調設備

空調設備位置受到管道孔影響,因此圖面必須標示空調設備的標準管道孔位置。

有自行清潔與加濕功能的空調機通風管道較粗,規劃時需多加留意!

B >> P. 130
空調設備的管線須避開結構構件

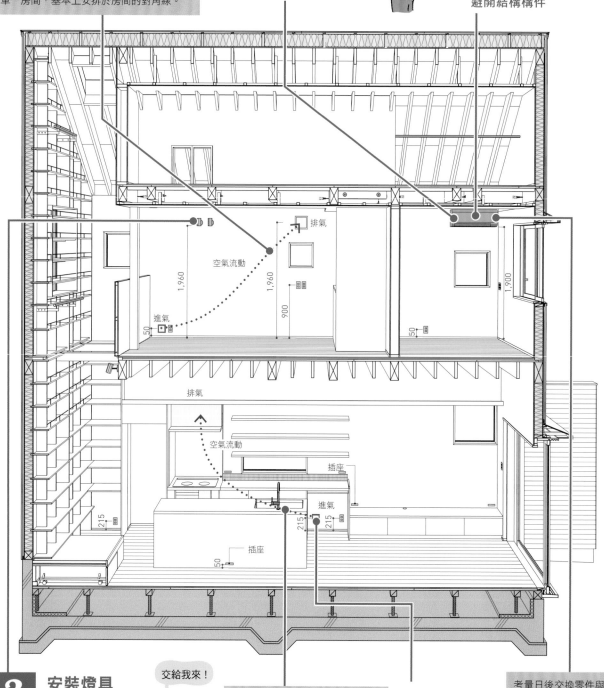

3 安裝燈具(照明設備)

依照圖面標示的位置,安裝燈具或照明設備。

交給我來!

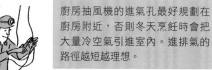

廚房抽風機的進氣孔最好規劃在廚房附近,否則冬天烹飪時會把大量冷空氣引進室內。進排氣的路徑越短越理想。

C >> P. 130
換氣扇安裝於壁龕

考量日後交換零件與修理等維修作業,空調機與牆面、天花板都必須保留50mm以上的距離。

128

14	15	16	17	18	19	20	21	22	23	24	25	26

第5個月　　　　　　　　　　　第6個月　　　　　　　　　第7個月

安裝室內管線　　　IH爐、　　　　　　　　安裝　　　安裝室內外設備機器
（廚房抽風機等等）　洗碗機進場　　　　　　室外設備機器　與配電箱

2　安裝空調設備的室外機

室外機的前後、左右、上方須確保製造商所指定的距離。

最好避開鄰居家的窗前等處，以免遭到投訴。

電燈與電話拉線工程需在拆除施工架前完成。[參考84頁]

A ≫ P. 130
客廳所有開關統一於一處壁龕

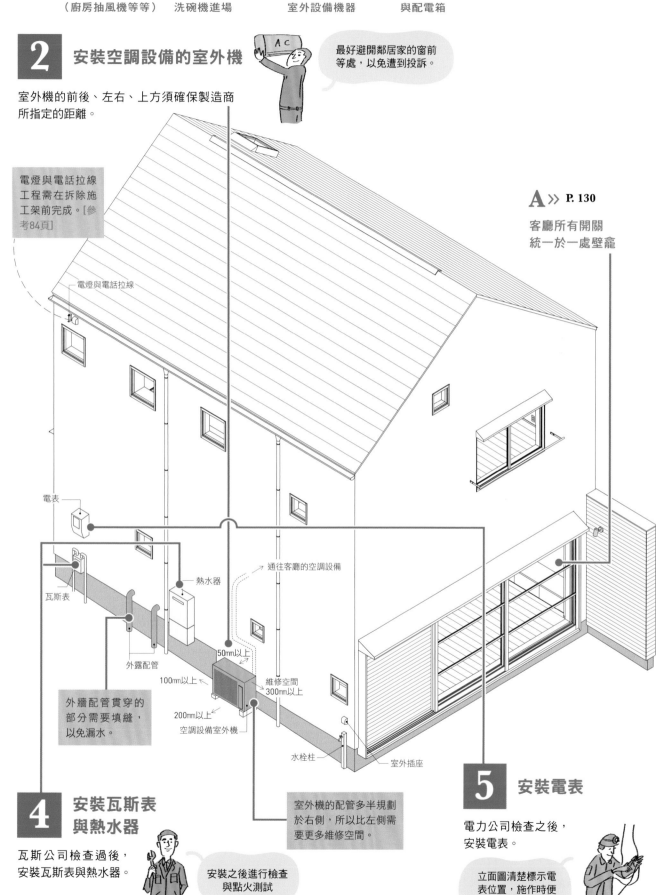

電燈與電話拉線

電表

瓦斯表

熱水器

通往客廳的空調設備

外露配管

50mm以上

100mm以上

維修空間 300mm以上

外牆配管貫穿的部分需要填縫，以免漏水。

200mm以上

空調設備室外機

水栓柱

室外插座

4　安裝瓦斯表與熱水器

瓦斯公司檢查過後，安裝瓦斯表與熱水器。

安裝之後進行檢查與點火測試

室外機的配管多半規劃於右側，所以比左側需要更多維修空間。

5　安裝電表

電力公司檢查之後，安裝電表。

立面圖清楚標示電表位置，施作時便毋須煩惱！

設備安裝檢核表

 A 客廳所有開關
統一於一處壁龕

開關周圍保留25mm的空間（避免機器看起來擁擠），營造井然有序的印象。壁龕的深度倘若足以容納機器，反而會形成陰影，過於搶眼。建議有一定厚度的機器可稍微突出壁龕（本案例為20mm），完成後更加美觀。

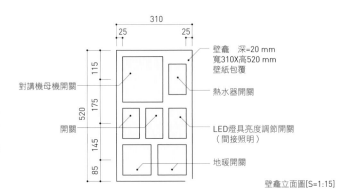

壁龕 深=20 mm
寬310X高520 mm
壁紙包覆

對講機母機開關
熱水器開關
開關
LED燈具亮度調節開關
（間接照明）
地暖開關

壁龕立面圖[S=1:15]

 B 空調設備的管線須
避開結構構件

空調設備的配管路徑必須避開樑等結構。另外在空調設備上方設置家具用的插座，以免電線過於顯眼。

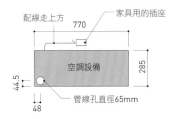

配線走上方
家具用的插座
770
空調設備
285
44.5
管線孔直徑65mm
48

空調設備立面圖[S=1:30]

C 換氣扇安裝於壁龕中

小型設備機器與牆面齊平。為了避免現場施作錯誤（部分機器不是位於壁龕中心線），圖面以通風管道中心線，而非壁龕中心線為基準指示。

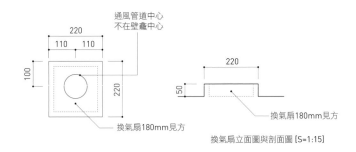

通風管道中心
不在壁龕中心
220
110 110
100
220
220
50
換氣扇180mm見方
換氣扇180mm見方

換氣扇立面圖與剖面圖 [S=1:15]

📷

開關依照業主喜好挑選

上：由餐廳望向樓梯。通往樓梯的開口處旁設置彙整所有開關的壁龕。開關高度距離地板1,200mm，便於操作。　　　　　　　　　　　　　[攝影：新澤一平]
下：開關依照業主喜好，部分採用搖頭式開關，點綴牆面。左側是廁所燈具的開關，右側分別是走廊、樓梯與玄關的燈具開關。

竣工
Completed

景觀工程

完成景觀工程便大功告成！施作木圍牆、木地板露台，種植植栽，讓建築物與南側道路融為一體。和專業的景觀廠商合作，更能增添建築物的魅力。工期約 2 星期。

交屋前結束所有工種

本案例面向南側道路的1樓設置木地板露台，在落地窗前打造可以坐下來休息的簷廊。寬度約700mm，比一般簷廊寬，保留有人坐下時依舊可以走動的空間。西側木圍牆後方設定為1,883mm的寬敞空間，用來擺放桌子，作為一家人休憩的空間[134頁A]。

景觀工程結束後交由負責勘驗的機關檢查[※]，最後由建築師事務所進行竣工檢查。發現缺失立刻通知施工單位。檢查務求確實，以免交屋後每當業主發現缺失便得前往現場對應。修正所有缺失，妥善清潔，以完美的狀態交給業主[134頁B]。

[關本]

相關人員 現場

現場監工人員　　木工師傅　　門窗師傅　　景觀廠商

※ 在日本有時是由特定行政廳負責檢查。

Completed

景觀工程

1 施作模板，以鏝刀抹平混凝土

架設模板，用鏟子倒入混凝土。乾燥到一定程度以鏝刀抹平。

模板位置以基礎地基為標準

2 施作木地板露台

在地基下方的基礎石上立支撐柱，放上地板樑，釘上地板成為木地板露台。

根據圍牆等處的水線來調整水平高度

A ≫ P. 134

木地板露台完成步驟

配合向南側道路開放的設計概念，木地板露台的高度設為400mm，比一般低。1樓地板的高度也配合木地板露台。

400

碎石

3 立門柱，旁邊施作柵欄

確認與鄰房的境界線，決定門柱的位置。在稍微離開門片的位置放置混凝土磚，鋁製角材插入磚孔，作為芯材。芯材兩側釘上木板做圍牆。門片則配合門柱位置設置。

門片是由門扇廠商來安裝喔！

			第**5**個月				第**6**個月				第**7**個月	
14	**15**	**16**	**17**	**18**	**19**	**20**	**21**	**22**	**23**	**24**	**25**	**26**

施作木地板露台　　　景觀　　　清潔、竣工檢查、修繕→交屋

4 種植日本梣木與富士櫻

完成外觀工程，填土，配合周遭景觀調整植栽的位置。露台旁種植隨風搖曳的落葉樹，感受四季遞嬗。即便是小院子，和景觀廠商一同合作，還是能打造充滿魅力的空間。

> 事先掌握植栽的高度、從室內觀賞時的模樣與業主的喜好，提升討論的效率。

5 竣工檢查

根據檢核表進行竣工檢查。尤其是門窗是否開關順暢，也不要忘了平時收納起來的防颱板。檢查時要實際拉出來看看是否有損傷。

> 不要讓業主入住後發現建築物的傷痕與汙漬。

B ≫ **P. 134**

建築師事務所的
竣工主要檢查項目

設置防火牆用來防止火勢蔓延。也因為施作這道側牆，南側的窗戶才能使用木框。

日本梣木
富士櫻
木地板露台
BM+110
700
BM-290
木圍牆
2.9%洩水坡度
657
13.6%洩水坡度
2,000
金屬鏝刀直接整平混凝土
1,650
3,100
1,905
門柱
門片
1,883
2,430
道路中心線
道路境界線

景觀工程檢核表

A 木地板露台
施工步驟

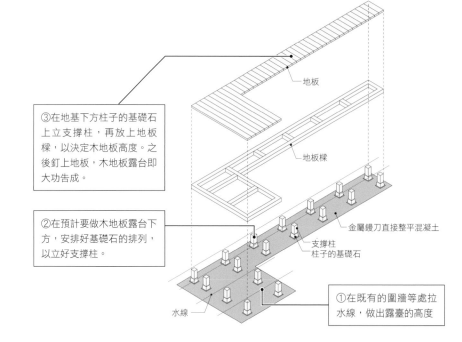

③在地基下方柱子的基礎石上立支撐柱,再放上地板樑,以決定木地板高度。之後釘上地板,木地板露台即大功告成。

地板

地板樑

②在預計要做木地板露台下方,安排好基礎石的排列,以立好支撐柱。

金屬鏝刀直接整平混凝土

支撐柱
柱子的基礎石

①在既有的圍牆等處拉水線,做出露臺的高度

水線

B

建築師事務所的竣工主要檢查項目

建築師確認界樁的位置,以捲尺測量道路境界線與基地境界線到建築物四個角落的水平距離,確認位置。

外部
□混凝土玄關是否有裂痕?　□外牆是否汙損?　□屋簷豎向落水管是否凹陷?

鋁門窗
□開關是否順暢?　□紗窗是否受損

玄關周圍
□玄關門開關與上鎖是否順暢?　□關門緩衝器速度是否適當?

室內地板、牆面、天花板
□維修口開關是否順暢?　□走在地板上是否會發出聲音?　□裝飾面材是否受損或髒汙?
□踢腳板是否平順服貼?　□壁紙收邊處是否有縫隙?

樓梯
□階梯固定是否有問題?　□走在階梯上是否會發出聲音?　□扶手是否安裝於正確位置?

設備機器
□位置是否正確不偏斜?　□火災警報器的位置是否能正常運作?
□開關與對應的燈具是否正確?

木門窗
□開關與上鎖是否順暢?　□是否安裝門擋器與門擋條?　□門窗玻璃是否以矽利康固定完全?

收納層與木作家具
□層架軌道安裝是否恰當?　□家具門片開關是否順暢?
□把手與可動式層板是否依照指示安裝?　□吊式軌道與五金是否固定完全?

加上植栽,為外觀增添生氣

從南側道路望向木地板露台的模樣。植栽與木地板露台形成聚睛焦點,為客廳、餐廳與廚房帶來更為寬廣的視覺效果。　[攝影:新澤一平]

建築師與施工人員同心協力
完成令人身心舒暢的客廳！

歷經7個月，建築師腦中的客廳終於化為實體。兼顧結構、設備、性能與美觀，真是叫人心曠神怡。

[攝影：新澤一平]

現場施工人員喜歡的施工圖

施工圖檢核表

☑ **各項圖說是否有效整合**
多次變更可能造成圖說之間出現矛盾，需要清圖彙整

☑ **資訊與規格是否標示詳細**
建築師覺得是眾所皆知的規格，之於第一次合作的施工人員可能相當陌生

☑ **排版是否一目了然**
資訊四散於圖面各處，不易理解。同一部位的相關資訊最後彙整在同一面

☑ **線條粗細與文字大小是否恰當**
線條過細或是文字太小，容易導致施工人員漏看

要多加注意！

1 指定用品須標示清楚

五金與器具等需使用特定的產品者，須於圖面空白處標記。若設計時已想好使用品牌，就算尚未決定，最好標示也註明「（暫定）」。讓現場人員既能明白可能使用何種產品，建築師也能想起原本設計的用意。但若不需要使用特定產品，則在圖面標示「～及同等級產品」。交貨時間長的產品也需標註，也提醒現場人員留意。

2 資訊不換頁

一般而言，圖說資訊份量依比例尺決定，介面細部整合以其他詳圖說明。然而資訊散佈於多張圖面不易閱讀，修正時又不利整合，容易出錯。建議相關資訊儘量彙整在相同頁面。單單點出施工的訣竅，便能促使現場施作順利。繪圖時不是一昧增加圖面頁數，而是思考如何提高每一頁的資訊密度，提供詳盡易懂的圖紙。

3 資訊不遺漏！

有些部分無法透過展開圖呈現，必須思考如何以圖面表達，列出所有資訊。當剖面受到家具門窗等影響時，應描繪多處剖面以詳盡表達設計意圖。例如鞋櫃層板的圖說可以在設計圖中加入剖面的資訊。圖面記述的資訊詳細，便於發現施工錯誤時提出修正指示，也幫了筆者自己好幾次忙。

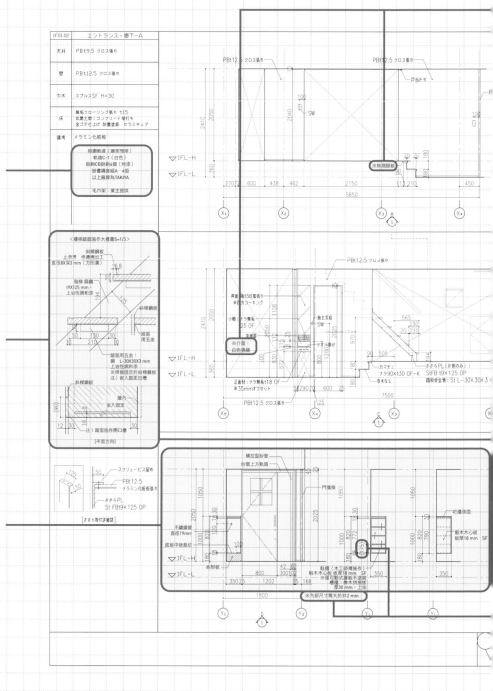

描繪現場施工人員都能正確理解的圖面

　　建築師誤以為「畫太細報價會變高」，或是習慣「細節等進了工地再決定」，所以圖面提交施工單位報價，以及現場開工之前往往不會把所有資訊標示清楚。然而無法掌握原貌將導致施工過程必須進行設計變更。反覆多次設計變更來敷衍當前問題，不僅造成追加工程，打亂現場工進安排，更是造成業主與施工人員困擾。

　　建築師不可能隨時在現場待命，施工人員與監工也不見得會時時聯絡建築師。因此為了讓現場施工人員都能清楚掌握建築師的用意，關鍵在於圖面內容詳盡，標示清楚。提供施作時所需的尺寸、修飾與介面相關資訊，解決所有施工時可能遇到的問題，提升施工精準度，節省再三確認的時間與心力，同時降低修正的風險。　　[關本]

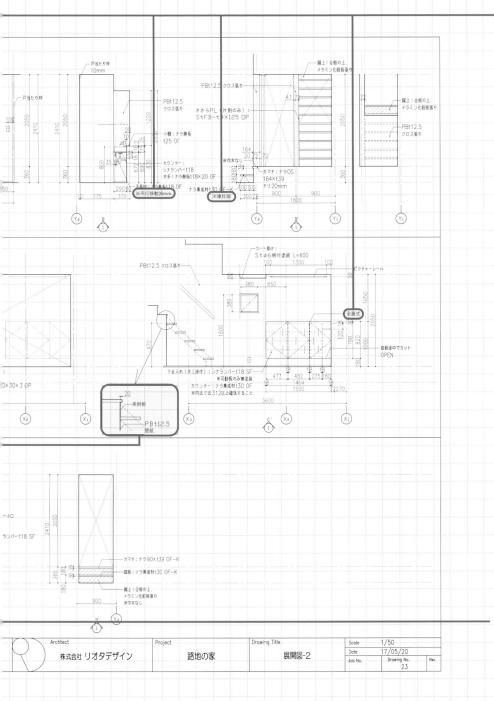

4　不要製造「陷阱」

施工現場不允許任何錯誤，所以圖面標示也必須避免造成施工人員誤解。例如把介面不同於其他部位者畫出來，便能發現施工人員容易誤會的地方。以備忘錄的方式把注意事項標示在圖面上，避免自己在現場忘記提醒施工人員，也能預防施工人員出錯。

5　設計圖在設計期間完成

部分設計細節適合留待開工後再行考量，不過大多數細節還是在注意力較為集中的設計期間畫完，方能整合所有圖說。每一項資訊都是由多項要素交織而成，因為一時興起而隨便變更，日後可能形成致命傷。

6　不得更改的尺寸須標示清楚

不同於使用 CAD 繪製圖面，現場無法依照圖面規劃的尺寸施作是家常便飯。因此圖面需要標示清楚哪些尺寸絕對不得變更，哪些尺寸可以現場調整，便於工作人員施作。利用括號標示可以變更的尺寸，有助於現場人員辨識。

Architect	Project	Drawing Title	Scale	1/50	
株式会社 リオタデザイン	路地の家	展開図-2	Date	17/05/20	
			Job No.	Drawing No. 23	Rev.

帶業主親臨現場吧！

① 動土典禮

確認事項

☑ 決定窗戶的玻璃種類

趁業主參加動土典禮時決定玻璃的種類。在意鄰居視線的話，使用壓花玻璃；不在意的話，使用一般的防火玻璃。選擇何者端看業主的感受，挑選時必須格外注意。

站在以繩子標示出建築物位置的基地，讓業主體會窗戶位置與窗戶望出去的風景。

② 上樑典禮

確認事項

☑ 決定屋頂板金的顏色
☑ 決定外牆的顏色

上樑數天～30 天的下一個工程是鋪設屋頂。趁上樑之際請業主決定屋頂板金的顏色。外牆工程雖然遠遠晚於屋頂，最好兩者一同決定。

到了這個階段，業主開始看得見房屋的全貌。

業主前來現場確認的時程

建築師在現場的工作不是只有監造而已。告知業主現場的情況，與業主共享工程進度也是重要的工作之一。請業主來現場基本上有三大意義：

首先最重要的是①共享工程進度。業主在過程中便能掌握進度是與預訂表相同或是落後，日後若是交屋時間晚了也能獲得業主諒解。

其次是②共享竣工後的預想。要是過程中發現完成的建築物不符業主的想像，或是業主希望變更，趕緊確認業主意向才來得及修改。發現業主可能在意的地方，最好主動向業主確認。

最後是③共享過程。業主親眼目睹工人在現場流血流汗，辛勤工作的模樣，自然加深對於住家的情感。業主和建築師、施工人員建立起信賴關係，還能減少交屋後的客訴。

所以本節為大家介紹帶業主去現場參觀的合適時程。

[關本]

業主往往擔心去現場參觀會打擾施工人員，所以建築師要主動關懷業主，感謝對方的體諒，同時紓解對方的緊張情緒。最重要的當然是確保參觀時的人身安全。

③ 木作骨架工程

第 4 個月｜第 13 個禮拜

確認事項
- ☑ 室內油漆的顏色與壁紙
- ☑ 決定磁磚
- ☑ 確認扶手與架子的高度等各處尺寸

儘管裝飾面材等裝潢材料在設計階段已經挑過一次，親眼目睹現場的印象可能與當初看設計圖面時大相逕庭。最好請業主在現場再看一次面材樣品。倘若業主覺得不對勁，可以一併提出變更建議。

請業主在現場模擬生活情況，決定扶手與架子的高度。在現場一起決定能提升業主的滿意度。

④ 竣工前1個月

第 6 個月｜第 21 個禮拜

確認事項
- ☑ 討論景觀工程與植栽
- ☑ 確認窗簾與捲簾
- ☑ 確認竣工檢查與交屋日期
- ☑ 確認是否可讓業主入內驗屋
- ☑ 安排公示登記手續（由業主或是施工方安排）

拆除施工架便開始交屋的倒數計時。參考現場實際進度，從交屋日期倒數檢查日期，並且通知業主。倘若工進落後，必須在此階段請求業主同意延長。如果來得及在業主入住之前施工，可於此時向業主確認窗簾、捲簾的材質與安裝位置等等。

安排於竣工前 1 個月，向業主確認期望的景觀與植栽的種類。

⑤ 設計公司完成檢查

第 6 個月｜第 24 個禮拜

確認事項
- ☑ 確認各處的傷痕與汙漬等等
- ☑ 確認裝潢的品質（壁紙的接縫、油漆是否均勻等等）
- ☑ 門窗等可動處是否移動順暢
- ☑ 確認填縫處的顏色與施作方式
- ☑ 確認外觀

不少建築師一開始掉以輕心的小事，往往事後釀成大禍。為了避免竣工後，屢屢因為缺陷而必須回頭修繕，檢查時必須站在業主的角度思考。同時確認進度，在檢查前一天完成工地清潔，在盡善盡美的狀態下接受竣工檢查。

竣工檢查與其說是確認是否依照設計圖施作，更重要的是要調整到業主看了不會覺得奇怪。傷痕與汙漬處都要貼上便利貼標註，一一修繕。

⑥ 交屋

檢查結束後，最好保留 2 星期的修繕時間。完工前夕可能出現燈具或磁磚缺貨，或是檢查後發現諸多改善事項。保留 2 星期修繕，便能在業主入內驗屋，修整好植栽之後再交屋。希望大家把這句話牢記在心：施工完成到九成比較輕鬆容易，反而是最後的一成，必須花費大量時間精力才能盡善盡美。小看了最後一程，好不容易建立起來的信賴關心就會毀在一連串的客訴了。請大家要多加留意，讓彼此的良好關係持續到最後一刻。

所有架子都能放得下B5以下尺寸的物品
1層架子的高度為300～370mm，深度可分為3種：220、230與270mm。只要東西在B5（182X257 mm）以下，任何架子都擺得下。圖中虛線處可以擴充增加可拆式層架。

防止書本掉落的擋條
在挑高處設置書櫃最令人擔心的是地震時書籍大量掉落。因此我在書櫃上加了防掉落擋條。擋條是焊接加工成T字型的鋼棒。橫向部分先插入左右隔板的穴孔，接下來彎曲鋼棒插入下方的穴孔。鋼棒使用直徑6mm，既能符合所需強度，又能彎曲安裝。

隔板
可拆式層板：椴木木心板 厚12 mm
防掉落擋條：鋼棒直徑6 mm，上油性調和漆
防掉落擋條 鑽孔直徑7 mm

書櫃局部等角投影圖

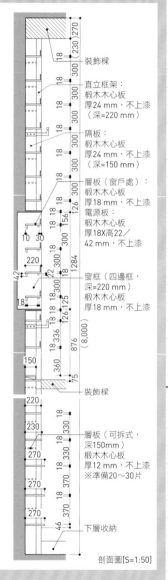

裝飾樑
直立框架：椴木木心板 厚24 mm，不上漆（深=220 mm）
隔板：椴木木心板 厚24 mm，不上漆（深=150 mm）
層板（窗戶處）：椴木木心板 厚18 mm，不上漆
電源板：椴木木心板 厚18X高22／42 mm，不上漆
窗框（四邊框，深=220 mm）椴木木心板 厚18 mm，不上漆
裝飾樑
層板（可拆式，深150mm）椴木木心板 厚12 mm，不上漆 ※準備20～30片
下層收納

剖面圖[S=1:50]

挑高處的間距為1,380mm
一般挑高處的間距是910mm，本案例則是略微擴大至1,380mm，以便從下方樓層仰望時看得見書籍。

地板收納（附輪子）
書櫃下方是附輪子的收納箱。深度1,303mm，足夠收納大量物品。相較於書櫃是「展示型收納」，收納箱是珍貴的「隱藏式收納」。[參考104頁]

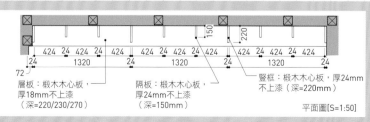

層板：椴木木心板，厚18mm不上漆（深=220/230/270）
隔板：椴木木心板，厚24mm不上漆（深=150）
豎框：椴木木心板，厚24mm不上漆（深=220mm）

平面圖[S=1:50]

利用豎框確保強度
書櫃中間二處設置豎框。高度從天花板直通地板，深度多達220mm。藉此提升書櫃強度。

設計出獨一無二的住宅，與一般建商銷售的住宅做出區隔

業主八成的需求都一樣，透過剩餘的二成發揮創意

　　本書介紹了以建築師的觀點監造時應當注意哪些事項。來到尾聲，想請大家和我一同思考：「建築師的工作究竟是在追求什麼？」

　　建築師的工作是要打造獨一無二的住宅。然而業主實際的要求多半大同小異，例如溫度適中的室內環境與大量的收納空間等等。極端一點的說法是業主的需求有八成都相同，關鍵是在於如何利用剩下的二成證明自己的價值。

　　本案例的「二成」之一是巨大的書櫃。業主是書籍設計師，藏書多達數千本。因此委託我「打造一整面的書櫃架」。本來只有1層樓是整面的書櫃，後來為了追求強烈的視覺印象，於是改成挑高3層樓的書櫃。

　　建築師若能夠挖掘出業主本來沒有發現，或是符合業主潛在個性的「剩餘二成需求」，提出超乎業主想像的建議，想必能提高業主的滿意度。

[關本]

書櫃的燈具
安裝在裝飾樑上，以照亮書櫃。對於佈線，是在2樓木地板下方釘夾板，燈具配線穿過木地板與合板之間[參考100頁]。裝飾樑鑽孔以利配線。

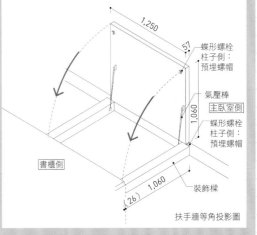

1,250
57
蝶形螺栓
柱子側：
預埋螺帽
氣壓棒
主臥室側
蝶形螺栓
柱子側：
預埋螺帽
1,060
書櫃側
1,060
裝飾樑
(26)
扶手牆等角投影圖

安裝可動式扶手牆，從2樓也能拿書
2樓挑高處的扶手牆放下來便能當作地板使用，由此拿取書櫃上層的書籍。1面扶手牆約30～40公斤，安裝氣壓棒減輕其開闔使用的負擔。安裝前須與製造商仔細討論，挑選操作時最不費勁處為支點，把操作時的重量調到6～10公斤。需要拿取更上方的書籍時，使用可動式的梯子。

攝影：新澤一平

一次到位！
跟著日本建築師蓋木造住宅
六個月蓋好一棟木房子！施工順序，組裝細節、完工檢測、設計監造詳盡圖解

作　　　者	關本龍太	
攝　　　影	新澤一平	
譯　　　者	陳令嫻	
封面設計	白日設計	
內頁構成	詹淑娟	
執行編輯	李寶怡	
校　　　對	吳小微	
責任編輯	詹雅蘭	
行銷企劃	王綬晨、邱紹溢、蔡佳妘	
總編輯	葛雅茜	
發行人	蘇拾平	

國家圖書館出版品預行編目(CIP)資料

一次到位！跟著日本建築師蓋木造住宅：六個月
蓋好一棟木房子！施工順序，組裝細節、完工檢
測、設計監造詳盡圖解/關本龍太 著. 陳令嫻 譯 ;.
-- 初版. -- 臺北市：原點出版：大雁文化事業股份
有限公司發行, 2023.10
144面 ; 21×28公分
譯自：詳細図解木造住宅のできるまで

ISBN 978-626-7338-40-7

1.CST: 建築物構造 2.CST: 房屋建築 3.CST: 木工

441.553　　　　　　　　　　　112010512

出版	原點出版 Uni-Books
	Email: uni-books@andbooks.com.tw
發行	大雁出版基地
	新北市新店區北新路三段207-3號5樓
	www.andbooks.com.tw
	24小時傳真服務 （02）8913-1056
	讀者服務信箱 Email: andbooks@andbooks.com.tw
	劃撥帳號：19983379
	戶名：大雁文化事業股份有限公司

初版一刷	2023年 10 月
ISBN	978-626-7338-40-7
定價	699 元

SHOSAIZUKAI MOKUZO JYUTAKU NO DEKIRU MADE
© RYUTA SEKIMOTO 2021

Originally published in Japan in 2021 by X-Knowledge Co., Ltd. Chinese (in complex character only) translation rights arranged with X-Knowledge Co., Ltd.
TOKYO,through g-Agency Co., Ltd, TOKYO.